品成

阅读经典　品味成长

イラストで サクッと わかる！認知バイアス

认知偏差

不要轻易相信你自己

[日] 池田雅美　森津太子　高比良美咏子　宫本康司 —— 编著

刘会祯　马奈 —— 译

人民邮电出版社

北京

图书在版编目（CIP）数据

认知偏差 ／（日）池田雅美等编著 ； 刘会祯，马奈译. -- 北京 ： 人民邮电出版社，2024.6
ISBN 978-7-115-64385-8

Ⅰ．①认… Ⅱ．①池… ②刘… ③马… Ⅲ．①认知心理学 Ⅳ．①B842.1

中国国家版本馆CIP数据核字(2024)第095042号

◆ 编　　著　[日]池田雅美　森津太子　高比良美咏子　宫本康司
　　译　　　　刘会祯　马　奈
　　责任编辑　袁　璐
　　责任印制　陈　犇
◆ 人民邮电出版社出版发行　　　　北京市丰台区成寿寺路 11 号
　　邮编 100164　电子邮件 315@ptpress.com.cn
　　网址 https://www.ptpress.com.cn
　　北京捷迅佳彩印刷有限公司印刷
◆ 开本：880×1230　1/32
　　印张：6　　　　　　　　　　2024 年 6 月第 1 版
　　字数：177 千字　　　　　　　2025 年 6 月北京第 2 次印刷
　　　　著作权合同登记号　图字：01-2023-3717 号
　　　　　　　　定价：49.80 元

读者服务热线：（010）81055671　印装质量热线：（010）81055316
反盗版热线：（010）81055315

前言　潜藏在你心底的认知偏差

　　日常生活中，我们常常在书本中或网络上看到"认知偏差"这个词。夸张一点说，前所未有的认知偏差的浪潮已经袭来，这种现象与普罗大众的期待密切相关——"了解认知偏差能为我们带来什么好处"。

　　现代社会充斥着各式各样的麻烦事，比如身边的人际关系问题，新闻报道中的事故、灾害、犯罪等。对于这些问题，"如何妥善处理？""如何防患于未然？"通过了解认知偏差，我们或许能够从中找到解决问题的线索。

　　认知偏差中的"认知"指的是记忆、选择、判断等与人类思维相关的心理活动，"偏差"意味着歪曲、失真。因此，认知偏差的意思是"思维上的偏颇"，即先入为主、偏见等，它们都是人类下意识的反应。

　　正如本书中展示的案例，认知偏差会在五花八门的场景下以多种多样的方式呈现出来，但人们很难发觉自己已经落入了它的陷阱。不过作者认为，如果提前知晓在什么样的情形下会产生什么样的认知偏差，那么我们察觉自己心底潜藏的认知偏差的概率将会大大提高。

　　本书以插图、问答等形式通俗易懂地介绍日常生活中方方面面的认知偏差，并提供与其相关的实验、调查结果等确凿证据，力求客观地解释说明。即使是初次接触认知偏差的读者朋友，也能从本书中愉快地学到真正的知识。假如本书对大家的工作和生活有所裨益，作者将不胜荣幸。

池田雅美　森津太子　高比良美咏子　宫本康司

"我没问题"
就是一种主观臆断

形形色色的认知偏差"潜伏"在包括工作在内的日常生活的所有场景中。"我看问题还是很客观的""我总是理性思考",诸如此类都是认知偏差。有的人认为"我肯定没问题",但这种想法本身就是一种认知偏差。

只有我
没问题!

我觉得会是
这样的。

那个人
……

只有
我自己有
问题。

别人获利就会
损害我的
利益。

这些全都是认知偏差?!

认知偏差
是这样产生的

为了轻松一点，
大脑选择"走捷径"

我们在判断某事或做出决定时，不知不觉中就把本应慢慢思考的过程进行了"剪切"，比如只接受符合自己口味的信息，或受到毫不相关的信息的影响。如此一来，我们的认知就发生了扭曲，这就会导致认知偏差。换句话说，认知偏差是大脑为了减轻信息处理的负担选择"走捷径"而发生的"故障"。

认知偏差有好有坏

认知偏差既能让人放心，也会造成误解

"认知偏差"这个词容易让人对它产生负面印象，不过它确实具有安定人心的效果。在某些事情上，认知偏差可以让你屏蔽沮丧不安的情绪，促进自我肯定感的提升。此外，它也可能在关键时刻造成误判，让你无法与别人达成共识，从而引起不必要的误解或冲突。

认知偏差具有安定人心的效果

> 虽然还有不少问题，但我肯定会成功！

认知偏差也会造成误解

> 这人看起来不怎么样，我俩应该合不来。

与认知偏差"友好相处"的方法

① 了解人类共同的思维习惯　　② 注意到自己与他人在认知上的差别　　③ 不要急着做出判断

与认知偏差
"友好相处"

试着怀疑"我没问题"

我们没办法完全消除认知偏差，但可以通过以下 3 种方法与它"友好相处"：①了解人类共同的思维习惯；②站在自己和他人两种角度思考，注意双方在认知上的差别；③面临重要抉择时，不要急着做出判断，养成搜集确切信息的习惯。

容易产生认知偏差的6种情况

回忆的时候

"好像应该是这样的呀"

在回忆某个事物时,
不知不觉中记忆已经发生改变。

▶（详情参看第 1 章）

推定的时候

"大概是这样的吧"

估算数量或预测概率时,
容易受到表面现象的影响。

▶（详情参看第 2 章）

选择的时候

"要我选的话, 走这边"

进行选择或决断时,
有时会做出不合理的决定。

▶（详情参看第 3 章）

通过了解在什么样的情况下会出现什么样的认知偏差，我们就能从容地面对它。本书将容易产生认知偏差的场景分为 6 个大类、80 个小类，逐一进行解释说明。

坚定信念的时候

"绝对是这样的"

当你深信"绝对是这样的"时，
你就无法从其他角度观察事物。

▶（详情参看第 4 章）

思考因果关系的时候

"一定是因为这个"

当你思考某件事发生的原因时，
你会以对自己有利的方式解释其因果关系。

▶（详情参看第 5 章）

辨别真伪的时候

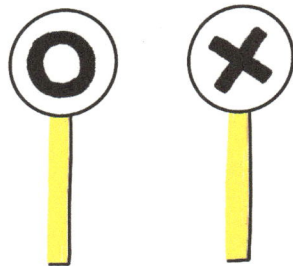

"果然和我想的一样"

辨别真伪时，往往着眼于
符合自己猜想或期待的信息。

▶（详情参看第 6 章）

※ 有的认知偏差会出现在许多场景中，本书的分类只是基于一个大致的框架进行的。

目 录

大概是这样的吧

与**推定**相关的偏差

要我选的话，走这边

第 **3** 章

与**选择**相关的偏差

目
录

第 **6** 章

果然和我想的一样

与**真伪**相关的偏差

认知偏差人物资料

第

1

章

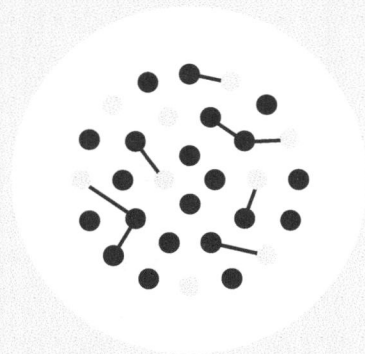

MEMORY

好像应该是这样的呀

与**记忆**

相关的偏差

无论一个人的记忆力有多强，他都不可能
准确记住所有的事实。人类的记忆中隐藏
着多种多样的认知偏差，这是因为人类会
根据自己的偏好或事情的结果更改记忆，
美化过去的事情，等等。

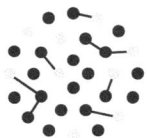

明明没见过，却感觉见过

虚假记忆

请在10秒内记住下列词语。

打招呼　　鞠躬　　礼节　　正确

遵守　　重要　　道德　　郑重其事

茶道　　必要　　规矩　　教养　　恭敬

老师　　正确

如果你记住了，请翻到下一页，不要再回头看。

▷ "似曾相识"的虚假记忆

请问，上一页出现过"礼仪"这个词语吗？其实并没有，但总有人觉得"好像看到了"。这是因为上页列出的词语都与"礼仪"相关，我们不知不觉中就把它们与已有的知识关联起来，从而感觉看到过其中某个词语[1]。

大脑不会原封不动地记录我们的所见所闻，**有时候，对于实际上没有经历过的事情，我们却坚信自己真实地经历过**，这就是"虚假记忆"。

▷ 被更改的记忆

心理学家伊丽莎白·洛夫特斯（Elizabeth Fishman Loftus）做过一个实验。她首先从受试者的家庭成员口中收集受试者童年时期的生活片段，随后给这些生活片段掺入"你在商场走丢过"的编造情节，将其夹杂在一起告知受试者。接下来，她请受试者回忆小时候的经历，结果多名受试者生动地讲述了这一虚假的"亲身体验"[2]。

有时，在他人的诱导下，我们会身临其境般地"想起"实际上并没有发生过的事情。

这么说来，我小时候在商场走丢过……

根据不同的诱导方式，记忆可以被改写。

> 🔗 **相关认知偏差**
>
> **想象膨胀**
>
> 除了诱导之外，我们在反复想象某事的过程中，有时候会无法区分自己的想象与实际的经历，这种现象叫作"想象膨胀"[3]。

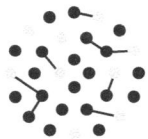

沮丧的时候会想起烦心事

情绪一致效应

不同的情绪让人想起不同的事

当我们心情愉快时，脑海中会自然而然地响起轻松的音乐，或回忆起曾经发生过的令人开心的事。与此相反，当我们情绪低落时，脑海中则流淌着低沉的音符，或回忆起过去的令人难过的事。

▷ 连锁唤起与当前情绪相符的记忆

如下图所示，**人物连锁反应似地回忆起与他现在的情绪相符的事，**这种现象叫作"情绪一致效应"[1]。在这种情况下，他若是心情好倒也没关系，但假如本来就情绪低落，很有可能更加垂头丧气。

> 今天怎么麻烦事一件接一件啊！

> 我上次犯了错误，被上司狠狠骂了一顿……

▷ 情绪影响判断和行为

情绪一致效应也反映在人们对事物的判断、对他人的印象、注意力的方向等方面。举个例子，心情舒畅时，我们会对未来的前进道路充满期待和希望，对遇到的人抱有良好的印象，经常关注积极信息；反之，颓唐消沉时，我们会对前途感到悲观，对他人抱有负面印象，容易关注消极信息。

🔗 **相关认知偏差**

状态依赖效应

不管记忆的内容是什么，只要出现与记忆时相同的情绪或生理状态，记忆的内容就会涌现出来，这叫作"状态依赖效应"。换句话说，情绪或生理状态对回忆起到线索的作用[2]。

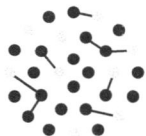

记忆 MEMORY

事后信息效应

思考题
?

请用10秒观察右侧的插图。

看完后请翻到下一页，不要再回头看。

▷ 前挡风玻璃碎了吗？

请问，你认为猛撞护栏的小汽车的时速是多少公里？

心理学家伊丽莎白·洛夫特斯做过一个实验。她先让受试者观看相关交通事故的影片，然后提出上述关于车速的问题。实验将受试者分为若干小组，并用不同的词语分别向各小组描述车撞击护栏的程度。当**用"猛撞"描述时，受试者预估的车速最快。**接下来按照"撞击""碰撞""相撞""接触"的顺序描述，受试者预估的车速依次变慢。一周后，再次向相同的受试者询问"前挡风玻璃碎了吗？"。一周前听到"相撞"的小组中有 14% 的人回答"碎了"；相比之下，当时听到"猛撞"的小组中有 32% 的人回答"碎了"[1]。

▷ 目击证词不一定可靠

即便我们目睹了某件事，假如事后了解到与该事件相关的其他信息，**我们也会受到这些信息的影响，改变最原始的记忆。**就像在上述实验中，听到"猛撞"的部分受试者认为"前挡风玻璃碎了"，这种现象叫作"事后信息效应"。

车是猛撞上去了啊……

接收信息时，"猛撞""撞击""接触"等词语对记忆产生影响。

🔑 **认知偏差漫谈**

无罪计划

许多人都是因为错误的目击证词而身陷囹圄。举个例子，证人在与案件毫无关系的地方看到过当事人，但他坚信自己是在案发现场见到对方的，这叫作"来源监控误差"（详见后文）。在美国，为了纠正冤假错案，法学专家们于 1992 年创立了"洗冤工程"。

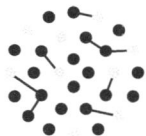

往事多么美好

玫瑰色的回忆

现在和学生时代相比，你在哪个阶段
更幸福?

A   学生时代

B   现在

C   差不多

右图呈现出一个人学生时代与踏入社会后的面貌
的变化。他在什么时候更幸福呢?

▷ 透过玫瑰色的眼镜看待过去

对于上述问题，应该有不少人认为"学生时代更幸福吧"。

英语里有一句话叫作"look at something through rose-colored glasses"，即透过玫瑰色的眼镜看某个事物，意思是乐观地看待事物、看到其积极的方面。**觉得"曾经很美好"正是透过玫瑰色的眼镜看待过去**，我们将这种美化过去的认知偏差称为"玫瑰色的回忆"。

在一定程度上，怀念逝去的年华——怀旧也来自这种认知偏差。

学生时代和恋人在一起的日子，怎么都是美好的回忆？

▷ 沮丧情绪容易弱化

研究人员向受试者发放调查问卷，受试者分别享受了"欧洲旅行""感恩节休假""为期 3 周的加利福尼亚州自行车之旅"。问卷调查按休假前、休假中、休假后分 3 次进行，旨在让受试者记录自己在 3 个阶段的心情。

结果表明，**在休假前满怀期待的人，就算在假期中遇到了烦心事，休假后回忆时也评价称"这是一个美好的假期"**[1]。

即使期待与现实之间有些差距，沮丧情绪也容易弱化，这叫作"情绪衰减效应"（参考下面的"相关认知偏差"），在它的作用下，玫瑰色的回忆就会浮现出来。

🔗 相关认知偏差

情绪衰减效应

玫瑰色的回忆这一心理现象对人类来说是必不可少的。与由积极事件引发的情绪相比，由消极事件引发的情绪更容易弱化，这便是"情绪衰减效应"。这种心理机制可以减轻过去的痛苦经历造成的心理负担，假如没有它，烦心事就会一直在脑海中挥之不去。玫瑰色的回忆正是这种心理机制的产物[2]。

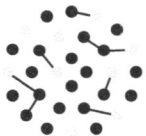

已完成的事更容易被忘记

蔡加尼克效应

尚未完成的工作给人的印象更深刻

我们在努力撰写计划书的过程中，连琐碎的数据都能记得清清楚楚。可一旦提交了计划书，有时我们会完全忘记相关详细情况。

A店的销售额同比增长25%，B店的销售额同比下降了12%。好了，把这个数据导入，算一下成本。

嘟嘟嘭嘭

下班后首先想起的工作是什么？

下班路上，请你回忆一下当天的工作。你首先想起的是不是还没有完成的工作？

实验证明，**与已经完成的工作相比，尚未完成的工作给人的印象更深刻**。实验人员向受试者布置了堆箱子、猜字谜等 20 多项任务，其中一半的任务是完成一个才能进行下一个，而另一半的任务是在没有完成上一个的情况下就进行下一个。实验的最后，受试者被要求回忆有哪些任务，想起未完成任务的人大约是想起已完成任务的人的 2 倍[1]。这种现象以研究人员的名字命名，叫作"蔡加尼克效应"。

容易想起未完成的工作的原因

全身心投入某件事的过程中，我们会一直处于紧张状态，时时刻刻惦记着与其相关的各种事情。此外，我们希望"避免模糊、寻求确定"，所以如果任务没有完成，我们的心情就没那么舒畅。持续处于紧张状态或怀着这种心情时，我们更容易自然而然地想起自己正在专心致志处理的事情。

但是，一旦任务完成，紧张状态就消散了。因此，我们越来越难回忆起详细的任务内容或细节[1]。

未做之事最易让人后悔

一项实验中，实验人员询问受试者"迄今为止你人生中最后悔的事"，结果有 16% 的人对已经做过的事感到后悔，而 84% 的人对曾经没有做的事表示后悔[2]。人们对未做之事念念不忘，也是受到了蔡加尼克效应的影响。

A店和B店的销售额与去年相比怎么样？

嗯……这个嘛……

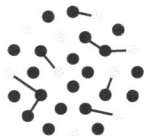

早就知道会是这样

事后聪明偏差

当时明明没说过……

我当时就觉得不妙
……

我与A公司刚签了
合同，它就倒闭了
……

那你当时就不该
让他去洽谈……

发生某种情况时，人们往往觉得"我早就知道会是这样的结果"。

▷ 预测到发生的所有事情了吗?

棒球比赛中出现意想不到的惊天逆转，选举中有人成为黑马……面对这些场景，你是惊讶不已，还是认为都在意料之中?

发生某种情况时，人们往往觉得"果然如此，我早就知道会变成这样"，但你真的从一开始就预测到了吗?

我们倾向于在事情发生之后，感觉自己在知道结果之前就已经预测到了，这叫作"事后聪明偏差"。

▷ 人们会根据结果改变记忆

1972 年，美国总统尼克松访问了中国。研究人员提前让大学生预测即将发生的大事件的可能性，比如两国的领导人会面，并在尼克松回国后不久，询问他们预测到了什么，**结果他们的回答大多都是自己从一开始就做出了与事实相符的预测**[1]。

换句话说，对于现实中发生的事情，与事前预测时相比，事后询问时大学生们认为自己之前预测此事发生的概率较高;对于现实中没有发生的事情，与事前预测时相比，事后询问时他们认为自己之前预测此事发生的概率较低。这是一个显而易见的事后聪明偏差的例子。

> 果然如此!

> 我早就知道会是这样。

> 我不是说过了嘛。

这些话语或许都是事后聪明偏差的信号。

专栏　　**认知偏差实验**

真能预测到事故吗?

一项实验中，实验人员向受试者展示了河流的照片，它作为由山洪造成的事故的证据，在事故认定中被提交。实验人员只告诉一部分受试者该河流出现了洪水，与不知情的受试者相比，这些人倾向于认为"河水浑浊，则出现洪水的概率较高"[2]。诸如此类的事故发生后，在事后聪明偏差的影响下，人们感觉"原本可以预测到"事先无法预见的事故，这将带来错误指责相关人员的风险。

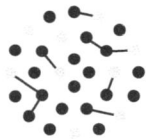

记忆
MEMORY

这个人，我好像知道

有名效应

思考题
?
请在下列选项中选出你认为是名人的名字[1]。

A　伏亚萍　　　B　邓俊晖

C　郭炳添　　　D　丁怡宁

E　张晶晶　　　F　苏明霞

▷ 虚构的名字一夜之间变成名人的名字

我们把 6 位体育名人的姓和名拆开并随机组合，得出了上一页列出的名字——也就是说，它们全都是虚构的，但是我们总觉得在哪儿见过或听说过，所以有人误以为它们是真实存在的名人的名字。

一项实验中，实验人员向受试者发放了虚构的名单，让他们评判每一个名字的发音的难度，第二天再将这些虚构的名字混入写有名人和无名之辈的名字的名单中，结果很多受试者将虚构的名字误认为名人的名字[2]。

把实际上不是名人的名字误认为名人的名字，这种认知偏差叫作"有名效应"。

▷ 没名气的新人成为名人的原因

对于偶然间见到或听到的名字，你隐隐约约觉得"我知道他"。不仅如此，当你搞不清楚"我怎么会知道他呢"的时候，你就会推测"他大概是个名人吧"。

在选举期间，印有同一个候选人的名字的海报随处可见，宣传广播车也不断重复着这个名字。如此一来，哪怕是籍籍无名的新人，大家每天反复见到或听到他的名字，也会逐渐产生自己认识他的感觉。

🔗 **相关认知偏差**

曝光效应

与有名效应类似的认知偏差还有"曝光效应"，它指的是在与同一事物反复接触的过程中，对该事物的喜欢程度逐渐提高[3]。

一个常见的例子是新商品的电视广告，人们最初对该商品不感兴趣，但经常在电视上看见它，便渐渐对它产生了亲切感。

但是，对于一开始就令人感到不快的事物，即便与它反复接触，人们对它的好感度也不会提升。

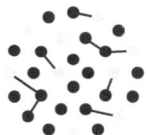

想起的都是年少往事

怀旧性记忆上涨

经常想起十几岁、二十几岁时的往事

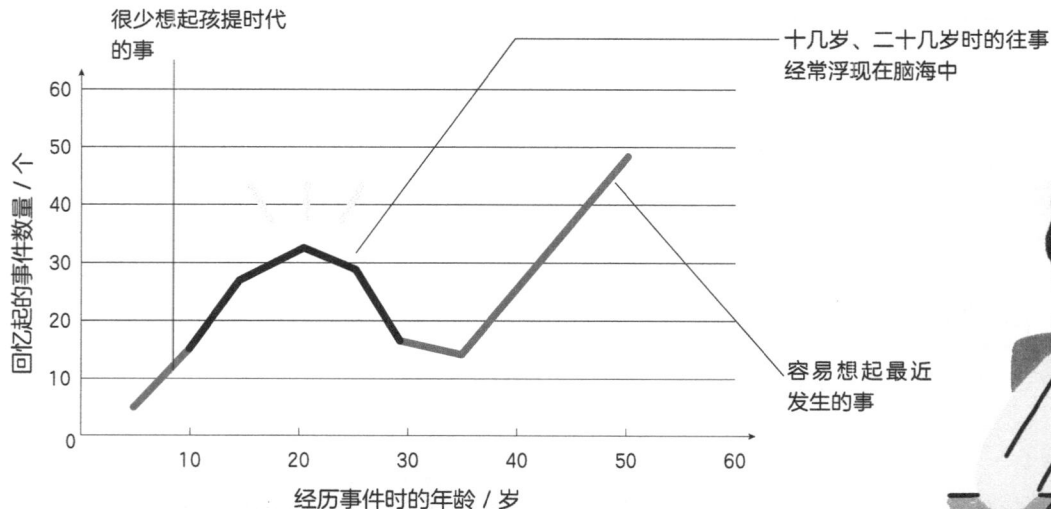

很少想起孩提时代的事

十几岁、二十几岁时的往事经常浮现在脑海中

容易想起最近发生的事

回忆起的事件数量 / 个

经历事件时的年龄 / 岁

注：图片来自维基共享资源 "人生回溯曲线"

▷ 容易想起某个时期

"听到'夏天'这个词,你会想起什么?"研究人员提出了若干类似的问题,让受试者回忆过去经历的事(自传式记忆),结果显示他们**容易想起十几岁、二十几岁时的往事**[1]。

我们把回忆起的事件的数量按照经历事件时的年龄加以整合,得到了上一页中的图表。回忆起的事件数量较多的部分看上去像一个"山包",这种现象叫作"怀旧性记忆上涨"。比如当被问到"你最喜欢哪首歌"时,很多人会想到学生时代经常听的歌曲。

▷ 经常想起年少往事的原因

之所以经常想起十几岁、二十几岁时经历的事,是因为在这一时期,人的认知功能(大脑的信息处理功能)达到了最高水平。同时,在此阶段,运动会、研学旅行等充满了欢声笑语的美好生活场景为数众多。人们想起那些人生的小插曲时,当时的情感也会涌上心头——**因为掺杂着情感的经历更容易留存于记忆中**。经常想起年少往事与这种记忆机制密切相关。

看到节日海报,几十年前上中学时的回忆涌上心头。

专栏　　**认知偏差实验**

怀旧性记忆上涨受性别和文化背景的影响

受试者回忆自己曾经的经历时,呈现出了性别差异:与男性相比,女性在青少年时期出现的"山包"更为显著。此外,与荷兰人相比,美国人多在更加年少的时期出现"山包"[1]。

换句话说,怀旧性记忆上涨也受到性别和文化背景等因素的影响。

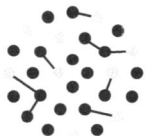

记忆
MEMORY

名称反映实体

标签效应

明明给他们看的是同一张图

事先告诉受试者"这幅图画的像一个沙漏"

事先告诉受试者"这幅图画的像一张桌子"

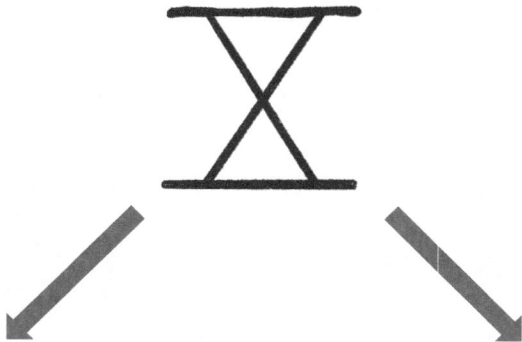

受试者看完原图后，被告知"请回忆刚才的图并把它画出来"，结果他们画的图大多受到"这幅图画的像 XXXX"等话语的影响。

▷ 记忆受标签影响

如上一页的图所示，由于添加了"沙漏""桌子"等话语信息，即便看到的是同一幅图，受试者的记忆也会受到影响[1]。本来应该记得原图，**但在标签的作用下，人们的记忆发生了变化。**

给信息加上特定的"标签"，促使人们朝着某个方向理解或记忆事物，这叫作"标签效应"。它可以塑造事物的形象，将标签与事物之间的联系固定下来。

▷ 标签激起购买欲望

在标记文件夹、档案袋时，填写具体名称能让人一眼就明白里面的内容。因为仅凭数字或记号，我们不方便查找文件。

此外，要想让顾客记住全新的商品，巧妙地为其加上某种标签也是一种行之有效的方法。假如顾客对该商品形成了良好的印象，怀有亲切感，就会产生购买的欲望。总之，标签效应在商业活动中效果显著。

枪　扫帚

2　8

即使你认为自己仔细观察了图形并记住了它，你的记忆也会受到标签的诱导。

☞ 认知偏差漫谈

标签理论

标签效应也有消极的一面，比如在评判一个人的时候，如果下意识地给他打上"标签"，便有可能出现歧视或偏见。不仅如此，一个此前从未有过越轨行为的人被贴上了不受欢迎的标签后，他就存在真的做出越轨行为的风险。

社会学中的"标签理论"指出，越轨行为并不是由人的内在因素导致的，而是与周围环境中的社会成员给他贴上的标签密切相关。

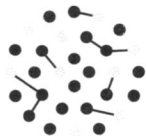

很难忘记与自己有关的事

自我关联效应

记忆会留存与自己有关的事

下次开会是啥时候来着？

7月5号呀，那天是我生日，所以我记得很清楚。

可以说记忆的诀窍就是把记忆对象与自我关联起来。

▷ 信息处理越深入，记忆越牢固

假如没有立刻在备忘录里写上下次开会的日期，很快就忘记了。但那天是自己生日的话，不用专门记也忘不了。**与自己相关联的事情难以被遗忘，**这种倾向叫作"自我关联效应"。

一项实验中，实验人员首先向受试者展示了若干单词，针对单词进行提问，让他们用"是"或"不是"来回答（并未告知受试者这是有关记忆的实验）。

根据思考的层次（处理水平），问题被设定为 4 个类型，一是形态（比如"这个单词是用大号字体写的吗？"），二是音韵（比如"这个单词和'train'的韵律相同吗？"），三是范畴化（比如"这个单词和'fish'属于同一类吗？"），四是意义（比如"I met a _____，画线部分可以填入'friend'吗？"）。

在随后的记忆测试中，受试者记住的单词按照形态（18%）、音韵（78%）、范畴化（93%）、意义（96%）的顺序递增，即**信息处理越深入（处理的负担增加），记忆越牢固**[1]，这叫作"处理水平效应"。

▷ 自我关联效应的显现

关于信息处理的深度，另一项实验把单词改为形容词，进行追加测试，让受试者用"是"或"不是"回答有关形容词的 4 种处理水平的问题（以"美丽"为例，在形态、音韵、意义的基础上，添加自我关联——"与你自身情况相符吗？"）。

随后的记忆测试表明，**受试者较多地回想起与自身有关的形容词**[2]。

这件事与我无关呀！

我也有过同样的经历！

如果把某件事当作自己的事，而非别人的事，那么其内容更易于入脑入心。

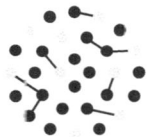
越想忘越忘不掉

讽刺性反弹效应

越是努力不去想，越容易想起来

▷ 刻意不去想，反而会想起

明天是商务谈判的重要日子，为了酣然入睡，告诉自己不要去想这件事，反而思虑过多，难以入眠。大家都有过这样的经历吧？

一项实验（"白熊实验"）要求第一组受试者"设想一头白熊"，第二组受试者前5分钟"不要去想一头白熊"，之后的5分钟"设想一头白熊"。结果显示，与第一组受试者相比，第二组受试者脑海中出现白熊的频率更高[1]。

像这样，当我们努力不去想某事时，虽然可以维持一时半会儿，但**只要停止控制自己，就会发生"反弹"，满脑子都是那件事**，这叫作"讽刺性反弹效应"。

▷ 想一想毫无关联的事

"白熊实验"还有后续。在被要求"不要去想一头白熊"的一组里，部分受试者被告知"假如脑海里出现白熊，就设想一下红色的大众牌汽车"。像这样，**不是单纯地不去想，而是想一想别的事情**，讽刺性反弹效应就没有产生。实现这一点的关键在于"心里想的其他事情"必须与"刻意不去想的事情"没有一丁点关联。

被告知"不要去想一头白熊"，反而会频繁想起它。

> **专栏** 认知偏差实验
>
> ### 如何避免浮现不愉快的回忆
>
> 怎么做才能避免脑海中浮现出不愿回首的记忆呢？一系列实验告诉我们，把精力集中在自己喜欢的事情上，放松心情，尝试冥想，这些都是行之有效的方法[2]，而它们的共同点都是不要强制自己去忘记。想事情时顺其自然，反而很难想起那些不愉快的经历。

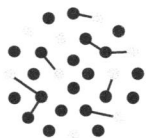

记 忆
MEMORY

压缩效应

实际的时间长度与自己感知的时间长度不一致

人们常常感到以前的事情最近才发生，最近的事情却是很久之前发生的。

我竟然已经毕业5年了啊!

仿佛刚过去没几天呐!

5年前   现在

实际经过的时间
（物理时间）

个人感知的时间
（心理时间）

巨大的差异

搬家之后才过了10天?!

我还以为已经过去好几周了呢!

10天前　　　　　　现在

实际经过的时间（物理时间）

个人感知的时间（心理时间）

← 细微的差异

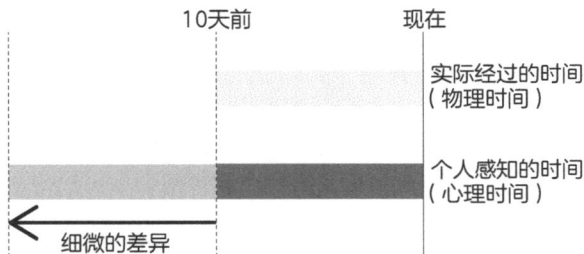

▷ 物理时间与心理时间的差异

人们常常感到以前的事情最近才发生，最近的事情却是很久之前发生的。一项实验证明，**实际经过的时间（物理时间）与个人感知的时间（心理时间）之间存在较大差异。**

该实验要求受试者描述个人经历过的事件，并用具体日期"XXXX 年 X 月 X 日"或以说话时为基准的大致时间"X 周之前"来回答事件发生的日子。结果表明，受试者回答具体日期时，其与事件相关的记忆更加准确[1]。

▷ 3年为界，差异不同

感到久远的事情是最近刚发生的，这是较大的"压缩效应"的作用；感到最近的事情的发生时间好像更早一些，这是较小的"压缩效应"的作用。

压缩的程度（物理时间与心理时间的差异大小）大概以 3 年为界，即 3 年前的事情好像是最近发生的，而 **3 年内的事情好像只比其实际发生时间早发生没多久。**

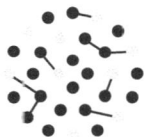

数字失忆症

很难记住能够快速检索到的信息

想知道一个词的意思，就上网搜了一下，结果从浏览记录里看到自己一周之前搜索过完全相同的内容。

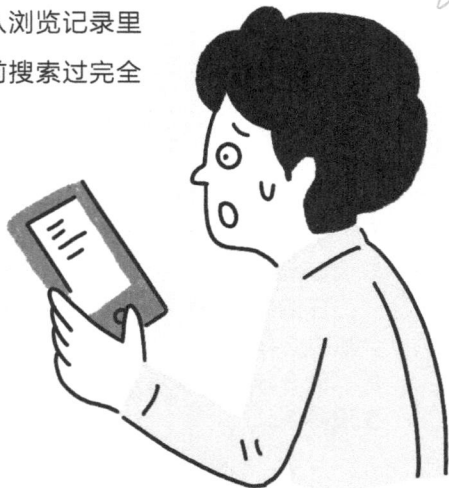

先搜一下吧……欸?

▷ **有不懂的，就上网查！**

很多人遇到不明白的事情就马上上网搜索，然而中途发现"之前也查过这个啊,怎么不记得了呢",觉得非常不可思议。

随着笔记本电脑和智能手机的普及，只要在互联网上进行检索，我们便能轻松获取想要的信息。如此一来，信息随时都可以上网查找，或从储存它的电子设备中调阅出来，大脑却很难记住它。这就叫作"数字失忆症"或"谷歌效应"[1]。

日程安排

购物清单

电话号码 080-xxxx

电子邮件地址 xxxx@xxxx

或许因为任何信息都可以储存在数码设备里，所以就不用再专门放入自己的大脑了吧。

▷ **即便忘了信息，也还记得储存信息的地方**

一项实验中，实验人员向受试者展示了包含40件琐事的清单，让他们通过打字将相关内容输入计算机。一半的受试者被告知"输入的内容随后会从计算机中删除"，另一半人则被告知"输入的内容会储存在计算机里"。输入完毕后，受试者按要求回答琐事的内容，结果大多数听到"储存"的人明显不记得了。

不过后续实验显示，受试者**虽然想不起来具体内容，但把储存它们的地方记得清清楚楚**。因为只要知道储存信息的地方，人们随时都可以获取信息[1]。

相关认知偏差

来源监控误差

某段记忆是在何时何地、以何种方式获得的呢？对于与之对应的信息来源，当我们无法确定或错误判断时，"来源监控误差"就产生了。例如，你觉得"这个人好像在哪里见过"，便向对方打了个招呼，但一时间想不起来到底是在哪里见的，相信大家都有过这样的经历。作为审判的证据，目击证词里也有不少类似"在哪儿见过它"的关于信息来源的误差[2]。

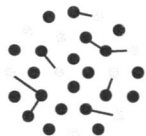

只记得开头

首因效应

刚开始出现的信息容易被记忆

新员工一起进行自我介绍，除了第一个人的名字之外，你很难想起后面的人的名字。

我是X川X男……

我是X泽X……

我是X滕……

▷ 记忆的顺序影响回忆的难度

领导给你布置了几项工作，之后你开始回忆，可除了第一项工作之外，什么都想不起来。你有过类似的经历吗？

一项实验中，实验人员向受试者发放了列有15个单词的单词表，随后让他们默写出记住的单词。结果显示，**单词出现的顺序决定了回忆的难度**，最初出现的单词给人留下的印象更加深刻[1]，这种现象叫作"首因效应"。

▷ 首因效应的成因

为什么会产生首因效应呢？

我们具备暂时记住信息的能力，不过大脑的容量有限。因此，即使新信息进入了脑海中，通常我们在几十秒后也会将其忘记。但像上述受试者那样试图留存一段记忆时，人们会**在脑海中反复默念最初出现的单词**，就能将其记得很牢固。

此外，和最初出现的单词一样，单词表中最后的单词也给人留下了深刻印象[1]，这叫作"近因效应"。假如人们看完单词表后立刻回忆，由于能够暂时记住信息，近因效应就显现出来；假如人们隔一段时间再回忆，近因效应就不起作用了。

我是X……

我是……

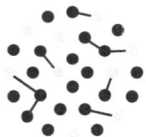

结尾好则全都好

峰终定律

哪一位患者对检查有更坏的印象呢？

两位患者接受了大肠内窥镜检查，他们用 0 ~ 10 挡描述检查过程中的痛苦程度。检查时间为 A 患者 8 分钟，B 患者 24 分钟。检查结束后，哪一位患者对检查有更坏的印象呢？

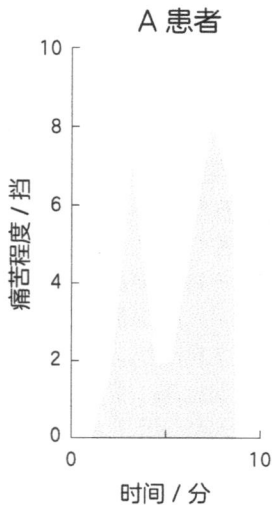

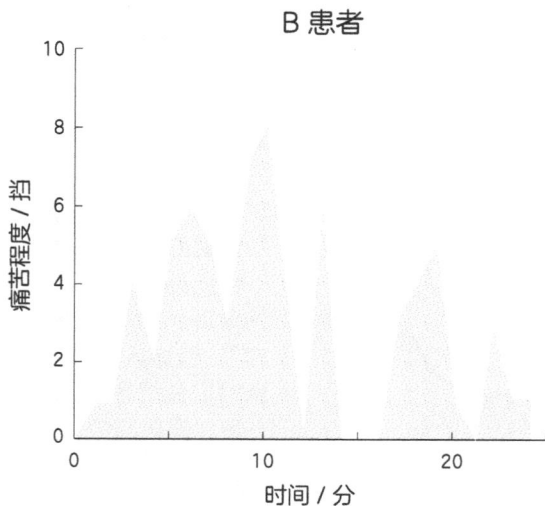

A 患者

B 患者

▷ "痛苦的经历"不同于"痛苦的回忆"?

两位患者在痛苦高峰时的痛苦程度是相同的，而 B 患者的检查时间更长，其持续地经历了痛苦，所以一定有很多人预测 B 患者对检查的印象更差。

但实际上，**检查给 A 患者留下的阴影要大得多[1]。因为在痛苦的高峰过后，检查马上就结束了，不愉快的记忆被保留下来。**

其他患者也具有同样的倾向。检查时间因人而异，短则 4 分钟，长则 69 分钟，但痛苦持续的时长几乎没有影响他们对大肠内窥镜检查的印象。

▷ 演讲也要重视中途与结尾

如上所述，**基于记忆的评价是由高峰与结束时的体验而非该经历的持续时间决定的**，这叫作"峰终定律"。

除了适用于痛苦的经历之外，这条定律也适用于愉快的体验。比如在演讲时，哪怕时间有点长，内容有点难懂，只要在中途让听众开怀大笑，在结尾让他们有所感悟，也能给人留下"演讲真精彩"的印象。

我们建议在演讲的中途和结尾讲一些能给听众留下印象的话题。

专栏　**认知偏差实验**

无视痛苦的持续时间?

另一项验证了峰终定律的实验更加明确地显示，痛苦的持续时间被人们无视了。

该实验中，实验人员让受试者接受了两个任务：①在勉强能忍受但感到不太舒服的 14 摄氏度的冷水中把手浸泡 60 秒；②在①的基础上，再把手浸泡在 15 摄氏度的冷水中 30 秒。随后，实验人员询问受试者如果再体验一次，愿意选择哪一个任务，几乎所有人都选择②。研究人员把①和②的顺序调换，受试者的选择依然不变[2]。因为虽然②的痛苦持续时间更长，但"结尾好则全都好"。

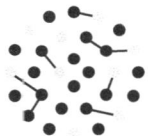

连贯性偏差

哎呀，对方竟和印象中不一样了

哎呀，好久不见!

他以前好像挺古板的……

记忆中很难打交道的一个人笑眯眯地向你打招呼，这让你有点摸不着头脑。

▷ 要求他人前后一致

当别人的行为与以前不一样时，你是否会疑惑："他原来可不是这样的呀！"

我们常常主观地认为，一个人的观点和行为从过去到现在再到未来都不会发生变化，这叫作"连贯性偏差"。**一旦对方的观点和行为前后不一致，我们就会觉得有点奇怪**[1]。实际上，随着时光的流逝，许多人的生活方式都变得与以往大不相同了。

我的想法从来没变过！

改变的可不少呢……

如果坚信自己从来没有改变，那么你很难注意到自己的想法其实已经变了。

▷ 自我保持前后一致

连贯性偏差不仅针对他人，而且影响自己[2]，所以即使自己的观点已经改变，人们也固执地认为"我的想法从未变过"。有时候，为了与自己曾经的行为保持一致，我们会接受内心不愿意承担的工作，或硬着头皮购买本不想买的商品。

大家都觉得观点和行为缺乏连贯性的人情绪波动大，不好打交道。因此，要想在社会生活中获得较高的评价，必须在一定程度上使自己的观点和行为保持前后一致。然而，如果过度拘泥于这一点，就可能遭受损失。

🔑 认知偏差漫谈

登门槛效应

有一种商业手段利用了连贯性偏差，它叫"登门槛效应"（又称"得寸进尺效应"）[3]。

在上门推销盛行的年代，销售员一只脚踏进房门，请求房主"您听我说两句就行"。很多人心想"听他说说也无妨"，便同意了，谁知"既然听他讲了这么多"，最后便真的买了销售员推销的东西。这种手段正是抓住了人们避免自身行为前后不一致的心理。

行为经济学创始人

丹尼尔·卡尼曼

Daniel Kahneman　　　　1934—

　　认知心理学家、行为经济学家，生于以色列（拥有以色列和美国双重国籍）。他提出了名为"预期理论"的人类决策行为模式，用来解释人们在不确定状况下的决策制定。将心理学研究与经济学相结合的创举使他于 2002 年获得诺贝尔经济学奖。

主要著作

相关认知偏差

《思考，快与慢》（*Thinking, Fast and Slow*）

可得性启发（P38）、锚定效应（P40）、确定性效应（P98）等。

大概是这样的吧

与**推定**

相关的偏差

我们提出设想或估算数量时，认知偏差
也暗藏其中。本章将介绍在日常生活中
进行推测时容易迷惑我们的认知偏差，
如规划谬误、乐观偏差、聚光灯效应等。

最"有道理的"就是正确答案吗

代表性启发式偏差

明子小姐 31 岁，单身，聪明伶俐，能说会道，大学期间攻读哲学专业，学生时代关注各种社会问题，曾参加反核游行。现在的明子更加符合以下哪一个选项？

A 银行职员

B 银行职员且参与女权运动

反对！ 反对！

哲学

反对XXXX！

改编自心理学家阿莫斯·特沃斯基（Amos Tversky）和丹尼尔·卡尼曼设计的"琳达问题"[1]。

▷ 仔细思考就会发现不对劲

看到上一页的问题，很多人选择了 B 选项。但是如右图所示，根据数学中的集合关系来思考，"银行职员且参与女权运动"只是"银行职员"的一部分，那么答案为 B 选项的可能性一定小于答案为 A 选项。

人们之所以把逻辑上不可能的答案误认为是对的，是因为运用了直观的方式分析问题。例如，根据那一段描述推测明子现在的状况，人们认为她应该符合"银行职员且参与女权运动"，B 选项的可能性较大。

▷ 很快得出的结论可能并非正解

根据某事件在多大程度上具备特定范畴的代表性特征，判断该事件发生的可能性，这种方法叫作"代表性启发"。

启发式是一种基于经验的直观性的思维方式。与逻辑性思维相比，它虽然没有那么精确，但可以在更短时间内推导出答案，减轻思维的负担。因此，我们平时经常利用各种各样的启发式。

遇到与某一事物特别相似的事物或产生刻板印象（见第 4 章）时，我们会下意识地做出判断，然而**这种直观的判断不一定正确，我们需要多加留意。**

银行职员且参与女权运动

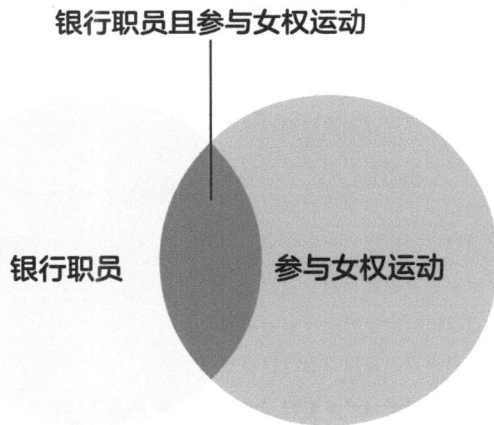

银行职员

参与女权运动

仔细思考一下，当然是银行职员的可能性更大。

🔑 关键词解说

"启发式"的词源

古希腊科学家阿基米德大喊 "heureka（找到了）" 的故事[2]非常有名，而"启发式"（heuristic）的词源正是 "heureka"。启发式与按照步骤准确寻找正确答案的"算法"（algorithm）形成对比，也被称为"探索性手段"。

推定
ESTIMATION

可得性启发

思考题
?

下面哪个选项的数量更多?

A 首字母为r的单词

*r*abbit

B 第三个字母为r的单词

tu*r*tle

▷ 立刻就能想到的东西数量一定多吗？

对于上一页的问题，你是如何得出答案的呢？

大概是联想分别符合 A 选项和 B 选项的具体的单词，然后接二连三地想到"rule"（规则）、"right"（正确）、"rainbow"（彩虹）等首字母为 r 的单词，却想不起来第三个字母为 r 的单词，进而以此推测"首字母为 r 的单词数量更多"。

实际上，**"第三个字母为 r 的单词"数量较多。**但在心理学家阿莫斯·特沃斯基和丹尼尔·卡尼曼开展的实验中，2/3 的受试者选择了 A 选项[1]。

▷ 误判事物出现的频率和概率

我们会根据联想具体事例的难易程度，判断事物出现的频率和概率，这叫作"可得性启发"。

大多数情况下，轻松地浮现在脑海中的事例都是自己看到过或听说过的。因此，越容易想到的东西数量越多，大多数时候这种经验并没有错。然而，正如上述例子那样，当联想具体事例的难易程度与其数量的多少不一致时，我们会因可得性启发而产生误判。

在日本，因交通事故而死亡的人不到死于心脏疾病的人的 2%。尽管如此，媒体经常报道交通事故，人们感觉其造成的死亡更多。

专栏　　**认知偏差实验**

从联想的难易程度入手

一项实验要求一组受试者回忆 6 件"自己曾经行事果断的经历"，另一组受试者则回忆 12 件。与回忆 6 件的人相比，回忆 12 件的受试者倾向于评价自己"没有那么果断"[2]。由于回想起 12 个具体例子要花费很大一番功夫，受试者推测"之所以回忆得这么费劲，是因为自己并没有那么果断"。像这样，与回忆大量具体例子相比，轻松地联想更能影响我们的判断。

推定
ESTIMATION

锚定效应

思考题 ? 非洲国家在联合国会员国中所占的比例是高于65%还是低于65%？具体来说，你认为大概占百分之几？

加蓬　　丹麦

加拿大　　　　　　韩国

法国　　联合国
　　　　会员国　　阿根廷　　　　　（　　　）%

津巴布韦　　　　日本

　　布隆迪

请记住你的回答，并继续阅读下一页。

▷ 既有信息限定推测范围

对于上一页的问题，你认为答案是百分之几呢？

在类似的实验中，受试者回答的数值的平均值是 45%。但把题干中的"65%"改为"10%"后，平均值则变成了 25%[1]。

对联合国会员国没那么熟悉的人，只能靠推测来回答这一问题。假如其手头没有能够帮助判断的信息，**先前看到的信息就发挥与"锚"一样的作用，限制随后的推测范围**，这种现象叫作"锚定效应"。

在实验中，"65%"和"10%"就是"锚"，受试者回答的数值不会与其相差太大。

▷ 让降价显得划算的套路

卖东西时常用的手法是刚开始标高价，然后慢慢降价。10 万日元[1]的东西降到 6.5 万日元，许多人马上就有了购买欲望，但 7 万日元降到 6.5 万日元并不会让人觉得划算。

在上述实验中，受试者明白题干中的数值是毫无意义的，因为"65%"和"10%"都是随机给出的数字。换句话说，就算商品的原价是胡乱标的，只要在此基础上大幅降价，消费者就有可能感觉占了便宜。

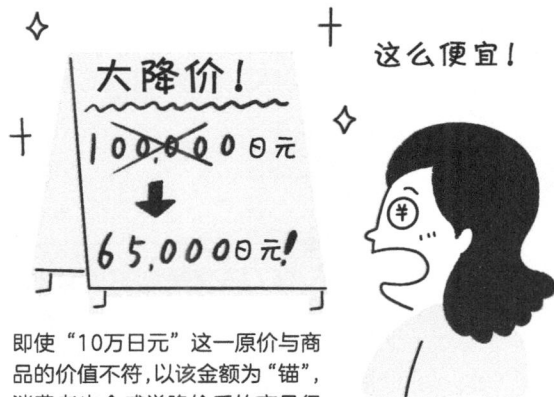

即使"10万日元"这一原价与商品的价值不符，以该金额为"锚"，消费者也会感觉降价后的商品很便宜。

专栏 **认知偏差实验**

被自己制造的"锚"束缚

一项实验要求受试者分别在 5 秒内算出下列计算题的答案。

A. $1 \times 2 \times 3 \times 4 \times 5 \times 6 \times 7 \times 8 = ?$
B. $8 \times 7 \times 6 \times 5 \times 4 \times 3 \times 2 \times 1 = ?$

他们对于问题 A 回答的数值的平均值是 512，对于问题 B 回答的数值的平均值是 2 250[2]。实际上，虽然数字相乘的顺序不同，但两道计算题的正确答案都是 40 320。

由于要在规定时间内作答，受试者只好根据前几个数字相乘的结果推测最后的答案，于是他们自己算出来的数值成了"锚"。

为何计划总是赶不上变化

规划谬误

提交策划书的截止日期是两周后，你认为自己什么时候能提交呢？

	1	②今天	3	4	5
6	7	8	9	10	11	12
13	14	15	⑯截止日期	17	18	19

策划书

A 距离截止日期一周以上

B 截止日期的几天前

C 截止日期当天

D 赶不上截止日期

多少次失败也换不来按时完成计划

不论是工作还是学习，即便在开始前列出计划，也往往无法按计划顺利进行。许多人总是在截止日期火烧眉毛时慌慌张张地抱佛脚。

一项研究要求学生们尽量准确地预计需要多少天才能够提交论文。结果显示，他们预计的平均天数是 33.9 天，但他们实际上平均花了 55.5 天才提交论文。此外，在自己预计的日期之前提交论文的学生的人数不到总人数的 1/3[1]。

无法按时完成计划而遭遇失败的经历数不胜数，但**在制订新的计划时，仍然认为自己"能按计划进行"**，这叫作"规划谬误"。

制定预算也受影响

预算的制定也会受到规划谬误的影响。一开始预计"这么多钱应该够了"，之后费用逐渐增多，最终远超预算，这样的例子在商业活动中屡见不鲜。

很多事情无法按计划顺利进行，我们可能遇到意料之外的麻烦事，也可能临时被安排其他工作，这导致原计划不得不一拖再拖。

不过也有人对过去的有关规划谬误的经历进行**"复盘"，仔细地设想有可能在哪里重蹈覆辙，并制订新计划**，由此避免了再次犯错。

250万日元的预算应该够了。

从250万日元调整到350万日元！

从350万日元调整到500万日元！

最终的预算是最初的两倍？！

规划谬误频繁发生。

专栏　**认知偏差实验**

时间观念越强，规划谬误越大？！

日本研究人员做了一项实验，发现严格按照时间和期限办事的时间观念强的人更易出现较大的规划谬误[2]。不管是时间观念强的人还是时间观念弱的人，其实际完成任务的日期都在截止日期前几天。由于时间观念强的人早早地设定了完成日期，结果实际的完成日期与预计的完成日期相差较大；相比之下，时间观念弱的人一开始就把完成日期设定得很晚，最终便没有产生规划谬误。

坚信"下次一定会中奖"

赌徒谬误

这次一定是正面!

这次是正面
还是背面呢?

已经连续5次
是背面了。

这次一定
是正面!

抛掷硬币的结果已经
连续 5 次是背面了,
你觉得这次是正面还
是背面呢?

▷ 概率一直是1/2

反复抛掷一枚没有被动过任何手脚的硬币，并重置每一次抛掷的结果，那么下一次抛掷时，硬币正面落地和背面落地的概率都是 1/2。但是，**假如抛掷的结果连续几次都是背面，人们就会觉得"下次一定是正面"。**

轮盘赌也是如此。当小球连续 5 次进入相同颜色的槽时，赌徒往往押注不同颜色的槽，"下次小球进入不同颜色的槽的概率肯定非常高！"

小球连续 5 次进入黑色的槽，那么下次应该会进入黄色的槽吧。

▷ 不可能连续出现相同结果吗？

在预测某件事情的概率时，**人们会受到过去发生的事件的概率的影响。**

正如上述例子那样，假如连续出现相同的结果，人们就倾向于认为下次出现不同结果的概率比之前要高，这种错误叫作"赌徒谬误"或"偶然性谬误"。人们感觉到结果向某一方倾斜，便相信此后这种倾斜会得到修正，使概率波动回归平均值[1]。

🔗 **相关认知偏差**

忽视基础比率

设定：一个城镇的出租车中有 15% 是蓝色的，85% 是绿色的。

已知：某出租车司机肇事逃逸后，目击证人说"肇事车辆是蓝色出租车"，而目击证人正确判断颜色的概率是 80%。

问题：肇事车辆是蓝色出租车的概率是多少？

对于这个问题，很多人的回答是 80%。然而"正确判断出蓝色出租车"的概率（X）是 15%×80%=12%，"把绿色出租车误认为是蓝色出租车"的概率（Y）是 85%×（100%−80%）=17%，那么"肇事车辆是蓝色出租车"的概率应该是 X 在 X 与 Y 之和中的比重，即 12%÷（12%+17%）≈ 41%。如果不考虑作为基础比率的两种颜色的出租车的原始比例，就会产生错误的预测，这是被称为"忽视基础比率"的认知偏差[2]。

推定
ESTIMATION

哎呀，怎么没有想象中的那么开心

影响偏差

> **思考题**
> **?** 请想象一下，一个月前开展的人事考评的结果出来了，你认为下面哪一项能让你在一年后感到幸福？

增加

持平

A 升职加薪

B 没升职，工资不变

▷ 情感预测不准确？！

"要是买彩票中奖了，那不得高兴死啊！"大家都曾幻想过这样的场景吧？反之，"万一在这个项目上栽了跟头，可就爬不起来了"，你是否也有过这种惶恐不安的经历呢？然而令人意想不到的是，哪怕的确出现了类似的状况，**想象中如此强烈的幸福感或挫折感也都不会长期持续。**

心理学家菲利普·布里克曼（Philip Brickman）调查了 22 个买彩票中奖的人和 29 个因事故致残的人的幸福感，发现在相关事件发生几个月后，他们的幸福感都恢复到了原来的水平，并且二者的幸福感相差无几[1]。

某件事发生后，**人们倾向于过度估计当时的情感的强烈程度和持续时间**，这叫作"影响偏差"。

▷ 幸福感和挫折感都会随时间弱化

即便梦想成真，你也感受不到预想中的强烈的成就感。之前你认为成功带来的幸福感能持续很久，可随着时间的流逝，你又回到了原来的状态。

反之，发生了糟糕的事情后，你感到绝望，心想以后只能长吁短叹、悲悲切切地过活，但日子一天天过去，你慢慢地释怀了，认为"那件事也不过如此"。这是"心理免疫系统"（详见右侧的"认知偏差实验"）在发挥作用。

之前你很憧憬"单身贵族"的生活，可当你实际体验过后，或许会感到"不过如此"。

专栏　　认知偏差实验

向前看的"心理免疫系统"

心理学家丹尼尔·吉尔伯特（Daniel Gilbert）指出，人类拥有一套"心理免疫系统"，它能够帮助人类在艰难困苦中以长远的目光积极地看待事物[2]。然而人们察觉不到"心理免疫系统"的作用，所以面对负面事件时，常常预想它引发的情绪将长期持续。

亲自买彩票才能中奖

控制错觉

自己买彩票的中奖概率比让别人代买高吗?

你要是忙的话,我帮你买彩票吧!

真的吗?!

不行不行,自己去买才能中奖!

不管是别人代买彩票还是自己去买,明明中奖概率是相同的,可不知为什么,总觉得亲自去买才能中奖。

▷ 亲自抽奖则中奖概率提升？！

在抽奖台前，当被问到"是您自己抽还是工作人员替您抽？"时，相信大多数人都会选择自己抽。

实际上，中奖具有偶然性，不管是工作人员代抽还是自己抽，中奖的概率都是一样的。尽管如此，**一旦获得亲自抽奖的机会，人们便觉得中奖的概率会提升**，这种倾向叫作"控制错觉"。

▷ 我能控制天气和比赛结果吗？

除了抽奖以外，控制错觉在其他场合也很常见。举个例子，明知自己不能控制天气，却制作"晴天娃娃"[1]祈求天晴，或因不想出门而祈祷下雨。

此外，对于自己支持的球队，认为自己去看比赛他们就能赢，所以要去看；或者认为自己一去他们肯定会输，所以就不去看了。这类想法也属于控制错觉。

> 我一去加油，他们就会输，我还是不去了！

不管是过去的事还是将来的事，不论结果好坏，人们都容易陷入"都是我的原因"的怪圈。

🔗 相关认知偏差

讨彩头

鸽子偶尔出现摇头的行为后，主人会给它饲料，于是鸽子产生错觉："下次还做同样的动作，就能得到食物。"即便鸽子摇头后，主人没有喂食，鸽子也会一直重复相同的动作，直到获得饲料[2]，这叫作"鸽子的迷信行为"。

只要某一次的行为与结果产生关联，行为主体就不断重复该行为，这种现象也反映在人类身上，迷信和讨彩头就是典型的例子。哪怕这样做的效果没有立刻显现，人们也能找出实际上并不存在的因果关系，比如认为"当时这样做了之后就如何如何了"。

推定
ESTIMATION

有自信也不可靠

有效性错觉

他是我亲自面试过的，肯定没问题

为什么有的新员工是面试官一致认为没问题才录用的，可入职后却什么都不会干呢？

托腮发呆

哎呀？

真没想到，他怎么是这样的啊？

▷ 自己的预测与实际不符

全体面试官一致同意某年轻人通过面试并打了包票："这个年轻人未来可期。"但新员工的表现令人大跌眼镜，这样的例子不在少数。**你对自己的预测非常有信心，实际上它却不一定准确。**

仅凭面试中的有限信息，很难看出一个人的岗位适应性和发展前景。可是当大家的意见一致时，你就会认为面试的程序或自己的看法并无不妥，自己能够正确预测新员工入职后的表现。**对于自己的实际上并没有那么靠谱的预测拥有过度的自信，这种现象叫作**"有效性错觉"。

▷ 对自己的预测过度自信

在"助人实验"中，实验人员告诉受试者："有人突发疾病，在场的 15 个人中只有 4 个人上前帮忙。"随后播放了两个面相善良的人的视频，并询问受试者："刚才那 15 个人中就有他们两人，你觉得他俩去帮忙的概率是多少？"受试者本来应该根据事实（4/15）预测，但均表示"这两个人看上去很善良，一定会去帮忙"，且不改变自己的预测。

实验证明，即使受试者了解那两个人去帮忙的概率是 27% 左右，他们也坚持认为自己的预测是正确的[1]。

别人看穿我的内心了吗

透明度错觉

紧张得不得了，没露怯吧？

什么？！

哎呀，看你气宇轩昂，让人很放心啊！

我太紧张了，肯定露怯了！

▷ 感觉自己的想法被人识破了

人们经常产生一种错觉，觉得自己的心情或想法清清楚楚地暴露在别人面前，这就是"透明度错觉"。然而实验证明，**别人并没有像你想象的那样了解你的内心。**

举个例子，人在撒谎的时候，感觉对方注意到了自己的本应不为人知的紧张感或愧疚感，于是浮想联翩："我是不是露馅儿了？！"

今天的工作完成一大半了！

是吗？

露馅儿了？！

▷ 其实内心很难被看穿

一项实验中，实验人员为了研究透明度错觉，请参与者按顺序喝下 5 杯看起来一模一样的饮料，其中的一杯其实特别难喝，但品尝者需要掩饰自己的反应，不能被别人看出来难喝的是哪一杯。该过程被录制下来，随后由观察者观看。品尝者的任务是预测 10 名观察者中有几名能发现他们喝了难喝的饮料，结果显示，品尝者预测的平均人数是 3.6 名，不过实际上只有 2 名观察者做出了正确判断，正确判断的概率和误打误撞猜对的概率没有差别[1]。

哪怕是本人不想隐瞒某些事情，**并且希望别人知道，类似的透明度错觉也难以避免。**

🔗 相关认知偏差

非对称洞察力错觉

上述实验表明，了解他人的内心世界是一件非常困难的事情。尽管如此，人们依然过高地评价自己对于别人的洞察力，认为"我很理解他"。相反，人们却认为"别人根本不理解我"。这种对于相互的洞察力的不同认知叫作"非对称洞察力错觉"[2]。

其他群体的人看起来都一样

外群体同质性效应

"现在的年轻人啊" "那个岁数的人啊"

现在的年轻人还没咱们那个时代的人有个性。

大叔们看起来都一个样子。

▷ 对手球队的球迷没特色？

假如你是一支足球队的球迷，你会感到这支球队的球迷人人都有自己的特点，而对手球队的球迷却毫无特色。相比之下，对于对足球不感兴趣的人来说，不管是哪支球队的球迷，看上去都具有相同的特征。

人们倾向于认为自己所属的群体（内群体）的成员具有多样性，**而与自己无关的群体（外群体）的成员具有较强的同质性**，"他们都一个样子"[1]，这叫作"外群体同质性效应"。

▷ 强调群体之间的差异

一项实验中，实验人员以随机顺序向受试者展示 8 条长度不同、等间距的线段，让他们推测每条线段的长度。其中较短的 4 条贴着写 "A" 的标签，较长的 4 条贴着写 "B" 的标签，于是受试者在脑海里将线段进行了分组，同一组线段的长度差异被低估了，不过按照他们的推测，A 组中最长的线段比实际短，B 组中最短的线段比实际长。换句话说，**受试者强调两组之间的差异**[2]。类似的情况也存在于人类群体之中。

女人都喜欢感情用事。

对于异性，我们很难注意到个体之间的差异。

🔗 相关认知偏差

异族效应

你是否曾在观看外国电影时，因分不清不同角色的长相而感到困惑？

我们容易区分和记忆与自己属于相同国家、相同人种的人的面貌，但感觉其他国家、其他人种的人看起来长得都一样，很难区别开来。这种"异族效应"也是外群体同质性效应的一种。

"只有我没问题"的过度自信

乐观偏差

坏事不会找上我

短期住院体检啊，推迟一下也没关系吧？反正我没啥不舒服的。

致35岁的您
短期住院
体检指南

短期住院体检[1]的适用年龄一般为 40 岁及以上（在企业中则为 35 岁及以上），但很多人认为"我身体还挺好的"，便将此事一拖再拖。

▷ 风险和不幸与我"绝缘"

得知年龄相仿的朋友遭遇重大事故，很多人会感到震惊，然而鲜有人认为自己也可能碰上类似的事。

人们总是低估不幸的事（犯罪、患病、受灾等）发生在自己身上的概率，却高估自己成为幸运儿的概率。也就是说，即便听说了别人的不幸遭遇，人们依然觉得"或许其他人会倒霉，但轮不到我"。这种对事情的乐观解读叫作"乐观偏差"。

我没问题。

乐观偏差既有好的一面也有坏的一面。

▷ 开启新篇章，乐观不可少

当我们开启新篇章——比如独立生活、创业、研发等时，乐观偏差是必不可少的。如果在这种时候过于仔细地考虑各种风险，只会畏首畏尾、停滞不前。**"车到山前必有路"这种乐观偏差对于我们下定决心起到了重要作用。**

乐观偏差不受性别与国籍的影响，是人类与生俱来的特征。但过分乐观可能带来忽视疾病等危险，我们对此需要多加小心。不过，**对于好的结果的期待可以减轻压力与缓解不安，有助于维持健康的生活方式和行为举止。**研究表明，乐观偏差的缺位与抑郁症等身心疾病息息相关[2, 3]。

🔗 **相关认知偏差**

积极错觉

乐观偏差属于心理学家雪莉·泰勒（Shirley Taylor）提出的"积极错觉"的一种。她指出，这种偏差的存在使人类得以适应社会，非常有助于维持并促进人类的身心健康。除此之外，积极错觉还包括觉得自己高于平均水平的"优于常人效应"（P136）、认为自己能够掌控外界的"控制错觉"（P48）等。

自己的常识就是大家的常识吗

知识的束缚

你连这都不知道?

朋友们不一定明白你平时在职场中使用的词汇。

我们学俯泳吧!

▷ 听说过的词变成了常用语？

俯泳（蛙泳）、多报（多家报价）、磁录机（磁带录像机）、缓冲（缓冲装置）……假如没人解释，你明白这些词的意思吗？

有的词在你自己的工作场景司空见惯，但在别的行业或者私下的场合中并不通用，这就是所谓的"行话"。

刚参加工作的时候，搞不懂一些词的意思，不过现在不经意间常常使用它们，甚至想象不到竟然还有人不明白这些词的意思，你是否有过类似的经历呢？

认为自己知道的事情别人也一定知道，这种偏见叫作"知识的束缚"。

▷ 你眼中的"理所应当"失之偏颇

一项实验中，实验人员让一组受试者在脑海中回想有名的曲子，并按照音乐的节奏在桌子上敲击手指，然后让另一组受试者据此推断曲子的名称。

敲击者自信满满地认为"有一半的听者都能猜对"，但实际上 150 首曲子里只有 2 首的名称被正确推断出来 [1]。

实验结果表明，**人们往往从自己的视角出发看待事物，不理解别人的想法。**

你连这都不知道？

如果固执地认为"自己的常识就是大家的常识"，很可能说出伤害别人的话语。

🔗 相关认知偏差

功能固着

出差时裤脚的锁边脱线了，但你没带针线包，这时你会想起来用双面胶粘一下吗？"双面胶是用来粘贴的，不是用来缝补的"，这种被固有知识束缚、想不出其他使用方法的认知偏差叫作"功能固着" [2]。

很多时候，知识和经验是解决问题的关键，但是它们也会变成固定观念的"牢笼"，阻碍发散思维和"灵光一闪"。

实力不足，自视甚高

邓宁-克鲁格效应

到底是从哪儿来的自信?

你周围有明明没能力却自信满满的人吗?

自信心爆棚

我能行!

实力不足

哎呀，真拿他没办法。

现实与自我评价之间的鸿沟

你能正确评价自己的实力吗？

正如"优于常人效应"（P136）所示，人们通常倾向于高估自己的实力，不过这种倾向**在能力不足的人身上尤为显著，其实际成绩与自我评价之间存在巨大的差距**。此类现象以相关研究人员的名字命名，叫作"邓宁－克鲁格效应"。

产生邓宁－克鲁格效应的原因至今仍然众说纷纭，元认知（见下文"关键词解说"）能力不足就是其中之一[1]。

如果元认知能力提高，自我评价的准确度也会升高。

认为自己比别人强

心理学家贾斯汀·克鲁格（Justin Kruger）和大卫·邓宁（David Dunning）做了一项实验：首先让作为受试者的大学生们看 30 个笑话，并让他们评价每个笑话的有趣程度；然后将评价结果与专业喜剧演员的评判进行对比，客观地为受试者的幽默感打分；接下来，受试者需要将自己的幽默感与同一所大学中的学生的平均水平进行对比，并在 0 分（最低分）~ 99 分（最高分）的范围内做出自我评价。

实验结果显示，**与其他受试者相比，客观得分在所有人中排在最后 25% 的受试者明显高估了自己的幽默感**[1]。与逻辑推理问题和语法问题等相关的实验也显示了相同的结果。

> **关键词解说**
>
> **元认知**
>
> "元认知"的意思是深层次的认知，它指的是对于自己的认知过程的认知。要想恰当地监测和控制自己正在进行的思维活动和行为，比如"照这样下去的话，时间不够了""我不太明白对方的意思"等，元认知能力是不可或缺的。

一直都是我在忙

高估贡献程度

麻烦的事一直都是我在干

又让我来预约。

好期待啊！

你曾经是否感到，制订计划的是自己，预约的还是自己，一直都是独自干活？

▷ 双方都夸大自己的贡献

请回忆一下平时你与搭档或好友的关系。当一件事情需要两个人共同完成时，你对此事的贡献能达到几成呢？如果让你的搭档或好友来回答相同的问题，将会出现一个有意思的现象。

实验人员邀请夫妻二人共同参加一项实验，让他们用百分比表示自己对"准备早餐""照顾孩子"等家庭生活的贡献程度。假如丈夫和妻子分别做出正确的自我评价，那么其贡献程度之和应该是100%。但实际上，多组夫妻的贡献程度之和超过了100%。换言之，**至少有一方高估了自己的贡献程度**。此外，"争吵的导火索"等不好的事情虽然没有好事的效果明显，但也让他们觉得自己的责任更大[1]。

▷ 高估自己的贡献程度的原因

夸大自己在与他人合作完成某事的过程中的贡献，这就是"高估贡献程度"。

由于自己和别人获取的信息不同，与别人的贡献相比，人们更容易想到自己的贡献，这便是高估自己的贡献程度的主要原因。当你感到"只有我在出力"时，请不要忘了你和别人掌握的信息是不一样的。

你对这个项目的贡献程度是多少？

70%！

大概60%吧！

应该有90%。

专栏　　**认知偏差实验**

在团队中高估自身贡献程度的倾向更加明显

随着团队成员人数的增加，人们更容易忽视他人的贡献，进而愈发高估自己的贡献程度。一项实验以大学生为受试者，调查他们认为自己在所属团队的活动中做出了多大贡献。实验人员发现，随着团队的扩大，每个人都高估自身贡献程度的倾向越发明显，最终受试者自我认定的贡献程度之和也越来越大[2]。

互相认为对方太自私

天真的犬儒主义

他肯定只为自己考虑

干得漂亮!多亏了团队合作!

他心里一定觉得都是他自己的功劳吧!

"那家伙肯定觉得项目成功是他一个人的功劳",双方心里都是这么想的。

大家都夸大自己的贡献?

在与朋友或同事共同完成一件事情时，你是否曾认为对方夸大了自己的贡献?

别人为了给自己争取利益，肯定夸大了自身的贡献，这种想法叫作"天真的犬儒主义"。"犬儒主义"指的是以讥诮嘲讽的态度看待事物，而"天真的犬儒主义"专指因认为他人夸大自己的贡献而愤世嫉俗。

现实与预想的龃龉

一项实验中，实验人员让夫妻二人用百分比表示自己对双方共同完成的事情的贡献程度，并预测伴侣会如何表示。和前文介绍的"高估贡献程度"（P62）一样，对于自己的所作所为，无论事情是好是坏，受试者都高估自身对完成事情起到的作用。

更有意思的是受试者对伴侣回答的预测结果。如果是好事，受试者猜测"他（她）肯定夸大自己的贡献"，实际上也的确如此，然而他们预测的百分比远高于其伴侣自我高估的数值。

若是坏事，受试者猜测"他（她）肯定低估自己的责任"，但是其伴侣反而更多地强调是自己的责任[1]。

我们总是怀疑，合作伙伴在认定自己的贡献或责任时更多地为自身利益考虑，缺乏公正性。

你们怎么搞的!

反正他肯定不认为是他的责任吧!

除了贡献程度之外，相同的认知偏差也体现在责任大小上面。

"大家都注意到我了"的错觉

聚光灯效应

仿佛聚光灯打在了我的身上?

你稍微改变了一下形象,去上班时感到周围的人似乎都在看你,但实际上大家并没有那么关注你。

或许因为我换了个发型,大家都在关注我!

聚光灯效应会让人产生后悔的感觉吗?

与已经做的事情相比,人们经常后悔没有做某事。要问为什么不做,很多人提到"畏惧他人的目光"[2]。但关于聚光灯效应的研究表明,人们并不会特别关注某人的失败。如果人们充分认识到这一事实,或许就能减少因没做某事而后悔的情况。

实际上

▷ 感到"被人关注"大多是自我意识过剩

当你穿着不同于平时风格的衣服或做出异于往常的举动时,你是否会觉得"周围的人都在看我"? **人们固执地认为自己的外表或行为受到他人的关注,这就叫作"聚光灯效应"。**

正在做某事的当事人感到仿佛聚光灯打在了自己的身上,吸引了大家的目光,但在大多数情况下,这不过是自我意识过剩罢了。

▷ 人们不怎么关注别人

一项实验中,实验人员对聚光灯效应进行了研究,让一名试穿者穿上土里土气的 T 恤衫——正面印有在年轻人群体中没有人气的歌手的大头照,然后带他进入另一间屋子,那里有若干名衣着普通的受试者。

随后,研究人员把试穿者从屋子里叫出来,询问他:"你觉得刚才房间里有多少人注意到了 T 恤衫的图案?"试穿者回答的数值的平均值是大约 50%,但实际上该数值为 25%[1],这说明**周围的人并没有像试穿者本人预想的那样如此关注 T 恤衫的图案。**

推定
ESTIMATION

"大家和自己一样"的偏见

虚假同感偏差

思考题
?

你认为符合下列选项的人
各占百分之几?

A

乐观的人

设问题!

（　　　）%

B

易怒的人

（　　　）%

C

喜欢吃全麦面包的人

（　　　）%

▷ 乐观的人认为"乐观的人较多"

你会如何回答这道思考题呢？很明显，你的答案由你平时的思维方式和行为决定[1]。

比如对于 A 选项，认为自己乐观的人比不这么想的人预估的百分比更高。**你自己很乐观，就容易推测"世界上乐观的人非常多"。**再如 B 选项，假如你也不擅长控制自己的情绪，你猜测的百分比就会很高。而 C 选项对应的答案取决于你是否喜欢吃全麦面包，不喜欢的人比喜欢的人预想的百分比更低。

▷ "大家都和我一样"的错觉

其他人也会像自己一样思考，产生与自己相同的感受，做出相同的行为，这种过度的解读叫作"虚假同感偏差"。

我们往往认为**自己的观点具有普遍性，为普罗大众接受，**然而在此类偏见的诱导下，我们的所作所为变成了问题的根源。我们在日常生活中需要注意保持"对方可能与我不同"的意识。

认为别人的兴趣与自己相同是一种先入为主的想法。

啊？你对这本书没兴趣啊？！

Book

专栏　**认知偏差实验**

大选投票时大家会投给这个政党

一项实验中，实验人员先询问受试者打算给哪个政党投票，然后让他们预测下次大选时自己支持的政党的得票率，以及在拥有投票权的人全部参与投票的情况下该政党的得票率。

结果显示，不论受试者支持哪个政党，假定拥有投票权的人全部参与投票，他们都预计自己支持的政党的得票率会上升。换句话说，他们认为只要有投票的机会，平时不去投票的人也会做出和自己一样的选择[2]。

推定
ESTIMATION

回归谬误

"一帆风顺"和"一塌糊涂"都不会长期持续

第一年

▷ 只不过是接近平均值而已

　　体育界有一种说法叫作"倒霉的第二年"，指的是一名新人选手在第一年崭露头角，但下一年表现不佳。

　　这种现象可以从统计学的角度进行解释。不论是体育成绩、销售额还是考试成绩，在持续测算的情况下，其结果不是恒定的，而是变化的，偶尔大幅超过或者远低于平均值。但是，**只要影响该结果的偶然因素消除了，它就会自然而然地接近平均值**，这种现象叫作"均值回归"[1]。

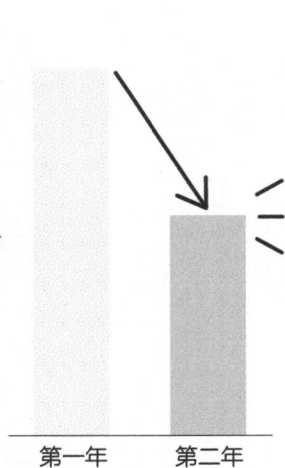

▷ 总是强行找理由

　　尽管"均值回归"能说明此类问题，但当业绩不好时，**人们还是会找出一些实际上并不存在的理由**，比如"你遇上什么事情了吗"，这叫作"回归谬误"。

　　在公司里，下属的业绩下滑，领导训斥他；下属的业绩提升，领导表扬他。结果下属被训斥后业绩提升，被表扬后业绩回落，领导看到这种情况，便认为**"批评和表扬决定了业绩"**，这也是一种回归谬误。其实，领导的态度和下属的业绩之间没有什么因果关系[2]。

发生什么事了吗?

当下属的业绩下滑时，领导往往认为下属只不过是第一年干得非常卖力，但第二年出于某种原因，其能力有所下降。

第一年　　第二年

效用层叠

小溪流逐渐变成大瀑布

黄油即将断货的消息传出后，电视上播放了人们知道该消息后争相购买黄油的画面。如此一来，甚至是平时不怎么使用黄油的人都感到不安，连忙前去购买黄油。

黄油即将断货！

人们争相购买黄油

大家都冷静点！

▷ 可得性启发的连锁反应

假如媒体频繁报道交通事故，那么人们有可能误以为发生交通事故的概率比现实中大得多，这种现象可以用前文介绍的"可得性启发"（P38）来解释。而"效用层叠"指的是在可得性启发的连锁反应下，**个人的认知偏差发展为集体的错误信念**[1]。

正如上一页的图片所示，大多数情况下，**效用层叠肇始于媒体报道的一些鸡毛蒜皮的琐事**。即使黄油断货了，很多人的生活也不会受到太大影响。但是，一部分看到新闻的人纷纷涌向超市，这样的场景继续见诸媒体，这让越来越多的人徒增不安。仿佛连绵不断的小溪流一样，骚动逐渐扩散开来，最终形成巨大的水流。

▷ 沉默不语助长骚乱

微不足道的小事偶尔会引发较大的骚乱，演变成需要政府介入的重大事件。虽然有人对最初的消息抱有疑问，但他们**顾及周围人的目光，不敢发表不同意见，于是骚乱进一步扩大**。因此，如果你感到某件事不合常理，请勇敢地指出来，或许你身边也有其他人怀有同样的想法。

在社交媒体上进行转发或点赞之前，最好也了解一下除了你关注的人之外的其他人的看法。

🔗 相关认知偏差

回音室效应

在社交媒体上，拥有相同的兴趣爱好的人经常聚集在一起，所以他们只要一发表意见，听到的全都是赞同的声音。如此一来，想法相近的人在频繁交流的过程中产生了一种错觉，觉得他们的观点能够代表世界上的大多数人，这就是"回音室效应"。在封闭的空间中，特定的意见相互呼应，将会带来意见瞬间被放大的风险。

“这种情况没问题”是真的没问题吗

偏差正常化

没必要逃跑

是误报吗?

不……不要紧吧?

应该没问题……

警报铃声大作,可能需要紧急避险,但人们无动于衷。

▷ 风险评估失误

假如在公司上班时警报铃声大作，你会怎么做？人们通常认为"是误报吧""是演练吧"，很少采取紧急避险措施。

面对小概率的偶发事件，**人们倾向于根据以往的经验，在一瞬间判断其"不可能""还在正常范围之内"**，这叫作"偏差正常化"。

即便是面临令人猝不及防的新变化或突发事件，人们也会用"这没什么大不了的""这种程度没关系"来安慰自己，以缓解极端的不安和压力。

▷ 对紧急情况也不在意

灾害发生时，由于偏差正常化的作用，人们有可能**把本应判定为紧急情况的事件误认为是不值一提的小事**。

相关研究表明，在以往实际发生的灾害中，因偏差正常化而耽误逃生的人多于因恐慌而反应迟缓的人[1]。

危急之时，冷静思考和判断并非易事，千万注意不要落入偏差正常化的陷阱。

公司业绩下滑，总经理却没有意识到危险。

🔑 **认知偏差漫谈**

黑天鹅理论

"黑天鹅理论"指的是人们平时认为不可能发生的事情突然发生，给人们带来巨大冲击[2]。

在天鹅被公认为都是白色的时代，人们发现了一只黑天鹅，此后就用"黑天鹅"来比喻罕见的现象。

除了自然灾害之外，"黑天鹅"在风云变幻的金融界也被用来形容金融危机。

思考题
?

视野不好且交通事故多发的路段得到了修缮，
那么交通事故的数量会有什么变化？

A　比修缮前减少　　B　和修缮前一样　　C　比修缮前增多

风险降低导致冒险

　　为了预防交通事故，重新修缮道路，拓宽行车道，加装护栏，这样一来，交通事故一定会减少吧？然而实际上，**道路修缮后交通事故并没有像预想中那样变少的案例屡见不鲜**，这是因为司机们采取了更加危险的驾驶方式，车速比以前更快了。

　　当感到身边的风险降低时，**人们反而会做出冒险的举动，**这叫作"风险补偿"[1]。正因如此，道路的安全性提高了，交通事故却没有减少。

　　据了解，很多烟民换了焦油含量低的香烟后，和以前相比每天要多抽好几根，这也是风险补偿的例子。这样的做法会给身体造成更大的伤害。温馨提示：吸烟有害健康，远离香烟，珍爱生命！

觉得安全时反而最危险

　　习以为常或反复训练后，人们觉得自己已经具备了掌控风险的能力，此时也会出现风险补偿。举个例子，刚取得驾驶证时，人们会小心翼翼地开车，**可熟练驾驶之后，有的人却时常做出超速驾驶或强行超车的举动。**

认知偏差漫谈

有人喜欢冒险？

明知道有危险还敢于冒险，这叫作"冒险精神"。冒险精神存在个体差异，有人喜欢冒险，有人较为保守。

一般情况下，年轻人血气方刚、容易意气用事，与中老年人相比，其冒险的倾向更明显。

研究虚假记忆的专家

伊丽莎白·洛夫特斯

Elizabeth Loftus	1944—

　　美国认知心理学家，研究领域为虚假记忆——记忆因诱导性的信息而改变，得出了大量的实验结果。她还阐述了目击证词的危险性、虚假记忆等，以心理学家的立场参与审判，深入涉及司法领域。

📕 **主要著作**

《被压抑的记忆之谜》

🔗 **相关认知偏差**

虚假记忆（P2）、事后信息效应（P6）等。

第

3

章

CHOICE

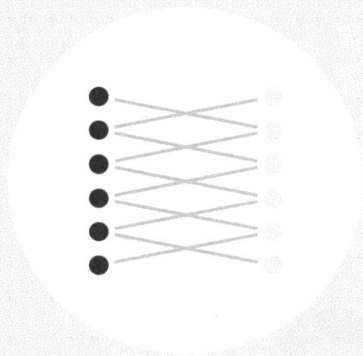

要我选的话，走这边

与选择

相关的偏差

在做出选择的时候，即使打算按照自己的意愿行事，也会因为认知偏差而做出不合理的选择。本章将介绍一些与选择相关的、容易迷惑我们的认知偏差。

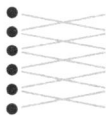

选择
CHOICE

与其改变，不如维持现状

维持现状偏差

思考题
?

**换工作好，
还是不换好？**

如果有机会跳槽到一家新公司，新公司的工作量和工作内容与现在基本一样，但是待遇比现在要好，你会如何选择呢？

A 换工作

B 再考虑一下

嗯……

▷ 在做出要有所改变的选择前"踩刹车"

如果有一家公司的待遇比现在的公司好，并且工作内容没有变化，人们好像可以毫不犹豫地选择跳槽，但实际上能马上做出决断的人可能很少。在上页思考题中选择 B 选项的人中，也有一些人在纠结一段时间后，选择不跳槽，继续在原来的公司工作。

在这个例子中，可能有人考虑到虽然跳槽可以让家中的财务状况变得比现在更好，但是换工作可能导致上班时间增加，这样一来，陪伴家人的时间就会相应减少。基于这种考虑，这些人会**及时"踩刹车"**，放弃做出任何改变。

C 不换工作

▷ 合理却不选的理由

在上页的思考题中没有选择 A 选项的人，大概是因为考虑到换工作可能会带来"职场环境和人际关系等方面的问题"。**当改变有利有弊的时候，比起做出改变，人们更愿意维持现状不变**，这种现象叫作"维持现状偏差"。

人对损失很敏感。客观地看，**即使做出改变是合理的选择，很多人也会做出不合理的决定**。之所以出现这种情况，除了人们对失败的不安和恐惧等心理因素在起作用外，还有可能与"损失规避"（参照下文的"相关认知偏差"）相关[1]。

🔑 **关键词解说**

损失规避

以跳槽为例，在做出维持现状的决断之前，人们会将现状和跳槽后的情况进行对比，以现状为参照点，设想跳槽之后的情况。此时，人们会有规避损失的倾向，也就是说"无论如何都要避免做出使情况比现状差的选择"。这种倾向不仅会在人们选择是否要有所改变时出现，在其他需要进行选择的场景中也很常见，比如决定是否出售某种物品（详见 P84 的"拥有效应"）。

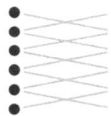

选择
CHOICE

"只剩一半"还是"还有一半"

框架效应

瓶中还剩多少酒?

只剩一半了……

还有一半呢。

同样是表述"一半",但是我们能看到不同的表述方式。

082

表述方式不同，选择也不同

对于相同的物品，如果分别用"只剩一半"和"还有一半"表述，给人的印象也不一样。

正如前文所述，不同的表述会影响人们看待某一事物的角度，进而影响其之后的选择。**即使是在客观上相同的内容，由于表述方式的不同，随后的判断和选择也会不同，这叫作"框架效应"。**

比起"死亡率为10%"，"生存率为90%"更好

一项实验中，实验人员向受试者展示了提前准备好的与治疗方案有关的数据，在此基础上，征询受试者的意见，让他们从"A"和"B"两种治疗方案中选择一种。在提供数据时，实验人员向其中半数受试者展示的是两种治疗方案中关于"死亡率"的数据。

A. 直接死亡率为 10%，1 年后为 32%，5 年后为 66%

B. 直接死亡率为 0%，1 年后为 23%，5 年后为 78%

同时，实验人员向另外半数受试者展示的是同一治疗方案中关于"生存率"的数据。

A. 直接生存率为 90%，1 年后为 68%，5 年后为 34%

B. 直接生存率为 100%，1 年后为 77%，5 年后为 22%

结果表明，虽然只是换了表述方式，但是比起基于"死亡率"的表述，大家更容易接受基于"生存率"的 A 治疗方案[1]。提起死亡率，给人的感受就像"失去了什么"，而提及生存率，给人的感受则是额外"获得了什么"，这种不同的感受也就导致了不同的选择。

失败的可能性有10%。

成功的可能性有90%。

不同的表述给人不同的印象。

专栏　　**认知偏差实验**

用否定方式询问更容易获得赞同？

某一项调查显示，即使是询问同样的内容，根据询问方式的不同，得到的回答也会大不一样。比如，与"你认为应该禁止 XX 吗？"相比，对于"你认为不应同意 XX 吗？"之类的含有否定语的询问，给予肯定回答的人会多得多。同样，比起"你认为应该认可 XX 吗？"，询问"你认为不应禁止 XX 吗？"，会有更多赞同者[2]。这也是框架效应的表现之一。

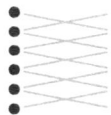

选择
CHOICE

自己拥有的总是好的

拥有效应

▷ 出售自己持有的物品时都想索要高价

在心理学家丹尼尔·卡尼曼等人的实验中,受试者(卖家)得到了价值约 6 美元的马克杯,之后会被询问"多少钱可以出售这个杯子呢?",而没有拿到杯子的受试者(买家)也会被询问"你想用多少钱买到这个杯子呢?"。结果,卖家的回答是约 5.3 美元,与此相对,买家的回答是 2.5 美元。**两者提出的价格相差 2 倍以上。**

卡尼曼等人进一步改变了各种条件,进行了同样的实验。但是,结果都是卖家提出的价格是买家的 2 倍以上,卖家对所"拥有"的杯子要价高的倾向并没有改变[1]。

不看的话,
不如卖了吧?

不行!

"藏书不读"最终也可能会出现拥有效应?

▷ 一旦打算出售就会觉得可惜

行为经济学家理查德·塞勒(Richard Thaler)验证了人们往往高估自己已经拥有的物品的价值的事例,并将其称为"拥有效应"[2],其也可以翻译为"禀赋效应"。

例如,在跳蚤市场等场所,卖家开出的价格会让你觉得"怎么这么贵"。**当人们打算出售自己所拥有的物品时,即使是一件旧衣服也想索要高价**,当然倒卖行为除外。出售自己拥有的物品所带来的心理痛苦可能会反映在价格上。

> 专栏　　**认知偏差实验**
>
> **拥有效应的另一种表现**
>
> 一项代表性的实验对拥有效应进行了验证。在这项实验中,受试者分为 3 组,需要填写一份调查问卷。这 3 组分别是得到马克杯的 A 组、得到巧克力的 B 组和什么都没有得到的 C 组。在问卷调查的最后阶段,实验人员告知 3 组受试者,A 组的人可以选择将马克杯换成巧克力,B 组的人可以选择将巧克力换成马克杯,而 C 组的人可以从巧克力和马克杯中选择任意一个。结果 C 组中选择巧克力的人和选择马克杯的人几乎各占一半,这一结果说明人们对马克杯和巧克力的喜爱并没有差别。但是,A 组和 B 组的人中选择替换手中物品的比例只有 10% 左右[3]。也就是说,即使是对于几分钟前偶然获得的东西,要将其转让出去也是一项很艰难的选择。

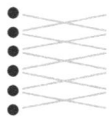

选 择
CHOICE

模糊规避

> **思考题** ❓ 你会选择下面的哪一个箱子？

有两个抽奖箱，只要从中抽出特定的球就能获得奖金。A 抽奖箱里有 50 个可以中奖的球和 50 个不能中奖的球。而 B 抽奖箱里有 100 个球，但是可以中奖的球和不能中奖的球分别有多少个是未知的。如果让你选，你会选择哪一个箱子呢？

A

B

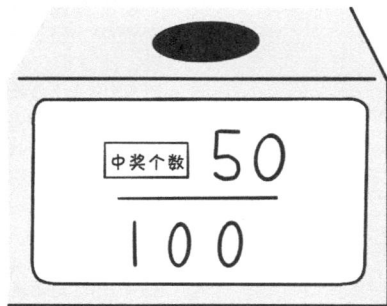

▷ 想避开不确定的选择

在上页的思考题中，几乎所有的人都会选择 A 箱子[1]。选择 A 箱子的话，中奖的概率是 50%。而如果选择 B 箱子，中奖的概率平均下来也是 50%。尽管如此，为什么大家都不选择 B 箱子呢？或许是因为选择 B 箱子的中奖概率不太确定。

在日常生活中，类似的不确定现象也有很多。**人们会尽量规避在不知道事情发生概率的模糊情况下做出选择。**这种倾向叫作"模糊规避"或者"回避不确定性"。

▷ 模糊规避在结果出现的概率不明确时出现

模糊规避不一定是因为要规避风险。一般来说，规避风险是在结果出现的概率能够预测的情况下做出选择，而模糊规避则是在结果出现的概率不明确的时候出现的[2]。在上文的例子中，也有人可能从一开始就能迅速计算出选择 B 箱子的中奖概率。但是，从主观上看，**如果出现某种结果的概率不明确，或者说让人感觉不明确的话，模糊规避行为就会产生。**在有些场景中，模糊规避也与"期望效用理论"（参照下文的"相关认知偏差"）有关。

比起不知道装了什么东西的福袋，人们更愿意选择那些所含物品明确的福袋。

🔑 关键词解说

期望效用理论

当你在面临不确定性的情况下做出选择时，主观价值（如满意度等）将是影响选择的关键。主观价值在经济学领域被称为"效用"。

"期望效用理论"可以解释为对效用的期待值是选择的基准。例如，如果让人们在"得到 100 日元和 0 日元的概率都是 50%"和"确定得到 50 日元"两项中做出选择，选择前者的人会更多。但是，如果把 100 日元换成 1 万日元，把 50 日元换成 5 000 日元的话，选择后者的人则会增加。

现在放弃的话太可惜了，不能打退堂鼓

沉没成本效应

▷ 陷入 "之前的投资会白白浪费" 的陷阱

如果继续这样下去的话，肯定会继续遭受损失，但是考虑到之前投入的劳动力、时间和费用等成本，最终选择不放弃，这种现象叫作 "沉没成本效应"。所谓沉没成本，指的是**已经支付的、无法收回的费用**。

例如，在重新审视正在进行的项目时，合理的做法是不考虑已经无法收回的沉没成本，只基于今后的损益来判断是否继续进行该项目。但是实际上，在很多项目中，决策者考虑到如果现在放弃，**"之前的投资会白白浪费"**，最终因不舍得放弃过去的投资，而选择将项目进行下去。

事到如今，已经不能做出止损离场的选择了。

即使所购买股票的公司业绩下滑，股价下跌，人们也很难下决心卖出那只股票。

▷ 硬着头皮继续下去

在一项实验中，实验人员将剧院年票分成 3 挡出售，它们分别是正常价格票（售价为 15 美元）、低折扣票（售价为 13 美元）和高折扣票（售价为 8 美元）。结果剧院上半年的统计数据显示，观剧次数最多的是以正常价格购买年票的人，其次是购买低折扣票的人，最后是购买高折扣票的人（下半年的统计数据与上半年没有差别）[1]。这是因为越是以高价购买年票的人，越是想收回成本，即使是不感兴趣的作品也会去看。

大家都有过吃自助餐想要努力吃回成本的经历吧。但是如果勉强自己吃到腹胀的话，会使身体不适，反而是吃亏了。

☞ 认知偏差漫谈

协和效应

协和式客机作为一款超音速客机，由于油耗高，额定载员也少，从研发阶段开始就被认为是注定无法赢利的。但是，研发计划一旦启动就没法停下来。最后，该款客机完成研发并开始商业航行。遗憾的是，该款客机不仅没有创造可观的收益，2000 年还发生了坠机事故，最终于 2003 年停止运营。有一种说法是该项目实际造成了数万亿日元的亏损。协和式客机的商业失败是沉没成本效应的典型例子，所以沉没成本效应又被称为 "协和效应"[2]。

明天的100不如今天的50

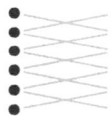

现时偏差

思考题
?

你会选择哪一项呢?

问题1

A 现在
得到3万日元

B 1年后
得到4万日元

问题2

A 1年后
得到3万日元

B 2年后
得到4万日元

▷ 高估现在马上就能获得的利益

当被问到"现在得到 3 万日元，还是 1 年后得到 4 万日元"时，大多数人会选择"现在得到 3 万日元"。但即便是选择"现在得到 3 万日元"的人，如果被问到"1 年后得到 3 万日元，还是 2 年后得到 4 万日元"，其中很多人却会选择"2 年后得到 4 万日元"。

无论是上述哪种情况，都是只要多等 1 年就能多拿 1 万日元，但人们的选择却不同。在大家看来，**现在马上就能拿到的钱具有特殊的价值**。像这样，高估现在马上能得到的利益的倾向叫作"现时偏差"[1]。

▷ 推迟解决问题

因为存在现时偏差，所以出现了像童话《蚂蚁和蝈蝈》中的蝈蝈一样**推迟解决问题**的现象。为此，我们针对"吸烟者""非吸烟者""已戒烟者"开展了类似于上页的思考题的实验。通过实验，我们在吸烟者身上看到了其更看重现在马上就能获得的利益的倾向[3]。也就是说，吸烟者更看重吸烟带来的现时快乐，而不会考虑更长远的关乎自身健康的问题。

现时偏差不仅仅存在于吸烟这一场景中。如果你有想戒却戒不掉的习惯，或者想马上开始却一直拖延的事情的话，不妨考虑一下是不是存在现时偏差，这样做会不会损害未来的利益。

大家都有过这种情况吧，"为了拥有理想的身材，虽然想克制吃甜食的欲望，但是终究无法战胜眼前美味的蛋糕的诱惑"。

🔗 **相关认知偏差**

时间贴现

与现时偏差紧密相关的现象是"时间贴现"——人们得到某个物品的等待时间越长，其估量的这一物品的价值就会变得越小。如果将等待时间设为 X 轴，将估量的物品价值设为 Y 轴，生成的图表会呈现为双曲线，因此时间贴现也被称为"双曲贴现"。

选择
CHOICE

诱导效应

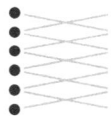

思考题
? 你会选择哪一款智能手机呢?

问题1

A 性能好
价格高

 6万日元

B 性能比A差
价格比A低

 4万日元

 嗯?

问题2

S 性能比A差
价格比A高

 7万日元

A 性能好
价格高

 6万日元

B 性能比A差
价格比A低

 4万日元

 啊? ♡
♡

▷ 增加备选作为诱导，增加选项的诱惑力

如果一个选项在所有方面都比另一个选项优秀，那么选择就很简单。但是在很多情况下，各个选项在不同方面各有所长，所以做出选择是一件艰难的事。例如前文提到的问题 1，如果对价格比较敏感的话就会选择价格相对较低的 B，但这样的话就需要忍受其相对较差的性能。

在这种情况下，**如果增加一个选项，其无论是在价格方面还是在性能方面与现有选项比都不占优势，也就是所谓的"诱导"选项，这样人们选择现有选项就会变得容易很多**[1]。这就是"诱导效应"。

上文提到的问题 2 添加了诱导选项 S，虽然其性能比 A 差，但价格却比 A 高。与新添加的选项 S 相比，A 性能更好且更便宜，其诱惑力在无形中就增加了不少。此外，B 则除了便宜以外没有其他优点，因此人们很容易就会选择 A。

▷ "松竹梅"是推销"竹"的套路?

诱导效应在我们身边也很常见。大家应该有过这样的经历吧，当看到菜单上有"松""竹""梅"3种套餐的时候，如果很难做出决定，索性"就选中间的'竹'套餐吧"。

这种情况下，不仅是"松"选项，"梅"选项也起到了诱导的作用，作为面临艰难抉择时妥协的结果，折中的"竹"选项成为人们的普遍选择。像这样，人**们倾向于选择折中选项**的现象被称为"妥协效应"。

"松"套餐 5 000 日元 "竹"套餐 3 000 日元 "梅"套餐 2 000 日元

"松"套餐价格太高，"梅"套餐鳗鱼太少，那么人们容易折中地选择"竹"套餐。

🔗 **相关认知偏差**

对比效应

即使是甜度很低的西瓜，撒上盐之后吃也会感觉很甜。突然提起 5 千克的米袋会觉得很重，但是提了10 千克的米袋之后再提 5 千克的米袋就会感觉很轻。像这样，在各种对比之后对事物的体验与单独体验时的感受不同的现象被称为"对比效应"。在诱导效应中，对比效应也起到了一定作用。

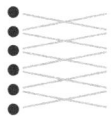

还是保持初始设定吧

默认效应

完全不同？！

思考题
?

为什么不同国家的器官捐献同意率
差别如此大呢？

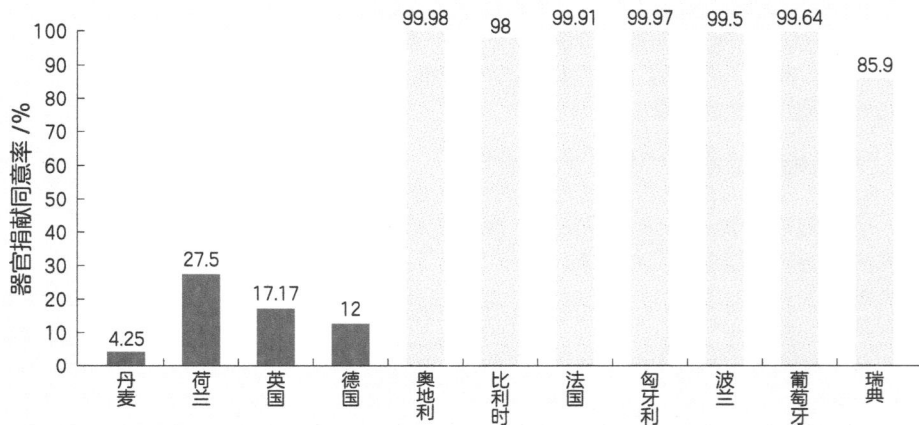

器官捐献同意率 /%

国家	数值
丹麦	4.25
荷兰	27.5
英国	17.17
德国	12
奥地利	99.98
比利时	98
法国	99.91
匈牙利	99.97
波兰	99.5
葡萄牙	99.64
瑞典	85.9

根据约翰逊和戈尔茨坦（Johnson & Goldstein）2003 年的相关资料制作

▷ 由于最初规定的不同，人们的选择也不同

在上文的图表中，之所以器官捐献同意率高的国家（黄色）和器官捐献同意率低的国家（灰色）差别明显，**是因为不同国家在询问人们是否同意捐献器官时设定的初始选项（默认选项）有很大的不同。**

在器官捐献同意率高的 7 个国家中，其初始选项是默认人们"同意捐献器官"。而在器官捐献同意率低的 4 个国家中，其初始选项是默认人们"不同意捐献器官"，如果要改成"同意捐献器官"，人们必须主动提出书面申请。

实际上，某项实验证明，当初始选项为默认"同意捐献器官"时，人们对器官捐献的同意率为82%，而在初始选项为默认"不同意捐献器官"的情况下，人们同意捐献器官的比率约为前者的一半，也就是42%。另外，当没有为器官捐献设定初始选项，人们可以自由选择捐献器官或者不捐献器官时，器官捐献同意率为 79%[1]。

▷ 人们不想改变初始设定

从没有设定初始选项的国家的器官捐献同意率来看，很多人其实并不反对器官捐献。但是，由于**人们一般都不会积极地去改变初始选项**，所以在初始选项为默认"不同意捐献器官"的情况下，人们对器官捐献的同意率会变低。这叫作"默认效应"。

这个购物网站我只用过一次，但已经给我发了好几年的电子杂志了……

如果取消订阅呢？

在平时的生活中，很多购物网站会默认用户需要订阅其电子杂志，很多用户在使用这类网站购物时，通常不会选择取消这一默认设定，也因此一直收到不感兴趣的电子杂志。

😊 认知偏差漫谈

助推理论

各个国家都在努力利用默认效应，将人们的选择引导到期望的方向。在英国和美国，同意缴纳养老金的人很少，为了改变这一状况，国家将"同意参保"设为默认选项，参保率就大幅上升了。重要的是，其保留了"不参保"的选项。这种在尊重个人意愿的同时，通过改变选择架构将人们的选择引导到所期望的方向的做法，被诺贝尔经济学奖获得者、行为经济学家理查德·塞勒等人命名为"助推理论"（英文"nudge"一词的原意是"用胳膊肘等身体部位轻推或者轻戳别人的肋部，以提醒别人或者引起别人的注意"）[2]。

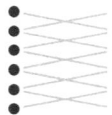

选 择
CHOICE

一知道谁是受害者就想帮忙

可辨识受害者效应

一旦知道受害者的名字和详细信息
就想积极伸出援手

信息越明确越有效

显示出的个人信息越明确，可辨识受害者效应就越强。在一项实验中，实验人员对提供 4 种不同个人信息条件下一个援助对象所能获得的援助进行了研究，这 4 种个人信息条件分别是"什么都没有""只有年龄""只有年龄和名字""年龄、名字、容貌都有"。结果显示，在给出"年龄、名字、容貌"的条件下，人们最想给予其援助[2]。

啊！好可怜……

印度5岁少年艾莎缺少食物……

▷ 不想通过统计信息来提供帮助

在关于世界饥饿问题和难民的新闻中，报道"受害者有 X 万人"之类的统计信息和报道"某人正面临危机"之类的个人信息，哪种情况下你会更想"捐款"呢？

在一项以非洲饥饿问题的现实报道为题材的实验中，受试者们从实际存在的慈善组织那里收到了募捐倡议书。发给其中半数受试者的倡议书记录了马拉维有大约 300 万名孩子处于饥饿状态等"不明确的受害者"信息，而发给另一半受试者的倡议书则记录了"特定的受害者"信息，即非洲马拉维一名叫作洛姬雅的 7 岁女孩正面临饥饿，并且附了这名女孩的照片。实验结果表明，比起"不明确的受害者"信息，收到"特定的受害者"信息时，人们的捐款额更多[1]。

▷ 想帮助特定受害者的理由

比起那些不明确的受害者，人们更愿意帮助那些能够确定的受害者，这叫作"可辨识受害者效应"。人们更愿意帮助那些确定的受害者，主要是因为人们看到个人信息时更容易产生情感反应，也更容易预见自己的行为所带来的良好效果，等等。

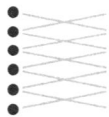

选择
CHOICE

不能确定就不选

确定性效应

商业谈判成功的概率是多少?

从80%提高到了85%。

啊?

太好了!!

从95%提高到了100%。

虽然两者同样都是"提高5%",但人们听到"提高到100%"的时候,肯定会更加高兴。

▷ 概率同样上升"5%"……

在上文的例子中，虽然两种情况下商业谈判成功的概率都上升了 5%，但是，就像从 95% 提升到 100% 一样，**当结果从只有一点不确定变成完全确定时，人们会感觉到比实际数值提升更大的变化。**这叫作"确定性效应"。

同样也存在某件事情从完全没有可能变成有了一点可能的情况。比如，**一场成功率本来为 0% 的商业谈判，突然有了 5% 的可能性，即使只有这么一点可能性，人们的心情也会发生很大的变化。**这叫作"可能性效应"。

众所周知，主观概率与客观概率是不一致的，特别是在 0% 和 100% 附近时，其差异有变大的倾向[1]。

▷ 关于负面结果概率

确定性效应和可能性效应不仅仅体现在正面结果上，在负面结果方面同样有所体现。

例如，一种商品包装上写着国产原材料占比为 98%，而另一种写着 100% 采用国产原材料，这两种写法给人的感觉会有很大不同。同样，"没有使用化学调味品（也就是化学调味品占比为 0%）"和"化学调味品占比不到 2%"给人的感觉也是不一样的。

剩下的2%
用的是什么？

XX牌薯片
国产原材料
98%

100%采用国产原材料和国产原材料占比为98%，给人的印象会有很大的不同。

认知偏差漫谈

花钱买彩票和保险的原因

心理学家丹尼尔·卡尼曼说，如果一件事情能够带来极大的收益，那么即使其发生的可能性很低，人们也会因为梦想着获得巨大收益而甘冒风险[2]。一个代表性的例子就是买彩票，即使中奖的概率很低，但仍然有很多人抱着"不买就不会中奖"的想法而去买彩票。

此外，某件事情发生的可能性很低，可是其一旦发生就会带来极大损失，在这种情况下，人们会尝试规避这种小概率的风险。保险非常具有代表性，人们因为太过担心那些发生概率很低的重大事故和疾病所带来的巨大损失，所以甘愿支付高额的保险费用来规避损失。

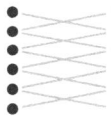

高估自己亲手创造的物品的价值

宜家效应

自己组装的家具看起来比成品
更有吸引力

自己买了组装家具，并花了大量的时间和体力将其
组装好，之后在某个店里看到与自己组装起来的家
具完全相同的成品，此时，人们大多会觉得自己组
装的家具"肯定更好"。

完工!

认知偏差漫谈

自己花费工夫的商品的魅力

20 世纪 40 年代，一家美国食品公司销售过一种"加水搅拌后就可以烘烤"的松饼粉，却很难将其普及。之后，该公司调整营销策略，允许人们在购买松饼粉后"自己加入鸡蛋和牛奶"再进行烘烤，这样让人们多费"一番功夫"，销售额反而快速增长[2]。也许就是这一点功夫增加了商品的魅力。

几天后在店里……

成品

××日元

我自己组装的柜子肯定更好！

▷ "自己动手"是卖点

自己组装家具等比买成品要花更多的工夫，也正因如此，人们才会对自己亲手创造的物品产生特别的喜爱。像这样，人们倾向于**高估自己亲手创造的物品的价值**，这种效应在经营大量组装式产品的瑞典家具量贩店宜家（IKEA）经常出现，因此也叫作"宜家效应"。

在一项使用了真正的宜家商品的实验中，实验人员让半数受试者亲手组装了宜家的收纳箱，并询问其愿意为这件商品支付多少钱。同时，实验人员让另一半受试者仔细查看了宜家的成品收纳箱，同样询问其愿意为此支付的费用。结果显示，**自己参与组装的受试者们给出的平均价格更高**[1]。

▷ 亲手制作的东西对任何人都有吸引力？

不管自己亲手制作的东西是好是坏，宜家效应都会产生。在一项实验中，受试者们认为自己制作的折纸作品与专家制作的作品具有几乎相同的价值，并且认为其他人也会给出同样的评价。但是，实验人员在询问了除制作者本人以外的其他受试者后，得到的评价却是那件折纸作品"没有什么价值"。也就是说，在其他人看来几乎是毫无价值的作品，制作者本人却认为"无论在谁看来其都是有价值的"。

另外，要产生宜家效应，不仅需要自己亲手制作，还必须制作完成才行[1]。

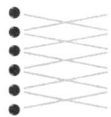

选择
CHOICE

心理账户

思考题
?

在以下情况下，你会重新买票吗?

A

花5 000日元
买的票丢了
（入场需要重新
买票）

电影院

B

丢了和票价一样
的5 000日元

损失相同，选择却不同

上页的思考题改编自一项实验。在该实验中，实验人员向受试者提供了两个脚本，让他们在脚本描述情境中做出选择。其中一个脚本类似于思考题中的 A 选项，"为了观剧购买了 10 美元的门票，但在入场时却发现票被弄丢了"。结果，在这种情境下，**46% 的受试者选择了"重新买票"**。

另一个脚本类似于思考题中的 B 选项，"在剧院购票窗口买票时，发现口袋里的 10 美元丢了"，在这种情境下，**选择"重新买票"的受试者的比例则上升到了 88%**[1]。

来自心中的家庭账本的不合理选择

在上述实验中，两种情境下，虽然损失的都是 10 美元，但选择重新买票的受试者的比例却出现了较大差异，这是因为人们心里都有一个类似家庭账本的东西，并根据不同的花费来计算家庭的收支，这叫作"心理账户"。

在这种情况下，门票费用在人们心里被归为"娱乐费"，所以**重新购买门票会进一步增加家庭的娱乐支出**。而现金还没有被划分类别，所以即便丢失了，人们也不会轻易改变原先的娱乐费支出计划，愿意继续花费 10 美元去买票。

> 一下子就花完了。

赌博赢来的钱，在心里的家庭账本上会被归为"不义之财"。因为在人们的心目中，这不属于"生活费"，所以很容易挥霍一空。

🔗 **相关认知偏差**

心理钱包

与心理账户相似的概念是"心理钱包"。提倡这一概念的心理学家小岛外弘等人，对人们在购买商品付钱时的心痛程度进行了调研。根据调研结果，小岛外弘等人将心理钱包分为生活必需品、财产、文化、教育、外出就餐等 9 种[2]。但是，人们拥有的心理钱包的种类和大小存在个体差异。有的人本来就没有"外出就餐"这样的心理钱包；相反，也有人的"外出就餐"心理钱包很大，其外出就餐时无论花多少钱都不会心痛。

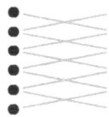

选择
CHOICE

权威效应

既然是有身份的人推荐的，应该没什么问题。

虽然不知道这本书写了什么，还是买来看看吧！

嗯……

XX先生

力荐

权威认证
经得起
检验

大家有过仅仅因为名人推荐，在没有确认详细内容的情况下就买了一本书的经历吗？

▷ 听从权威人士的指令

　　经过有身份和地位的权威人士推荐，或是被权威人士指点、劝说后，人们不仔细斟酌内容就全盘接受，这种倾向叫作"权威效应"。

　　即使权威人士是穿上制服伪装的，权威效应同样也会发挥作用。比如在一项实验中，实验人员要求路人给"困"在停车场计时器前的人 10 美分，因为他们没有零钱而无法缴纳停车费。当提出这一要求的人穿着保安制服时，**接到指令的路人几乎都同意了**[1]。虽然人们知道保安提出这样的要求是不合理的，但是他们看到提出要求的人身穿和警服容易混淆的保安制服，就自然而然地听从了指令。

XX协会会长
XXX日本理事
XX公司执行董事
XXXX协调人

好厉害的人物……

▷ 从头衔和服装上也能感受到权威性

　　即使一个人只从穿着打扮上让人觉得他社会地位和经济地位很高，也能产生权威效应。**而这种所谓的权威人士有时会因为自身的不注意，引导人们做出违反规则等社会所不允许的事。**

　　在一项实验中，实验人员让一名男性受试者穿上一套能彰显身份地位的服装，西装熨得平整，皮鞋擦得锃亮。当该受试者无视红绿灯过马路时，和他一样对红绿灯视而不见的人明显增加了[2]。

　　豪华的服装、昂贵的装饰品、印满头衔的名片等，也是骗子将自己伪装成大人物的常用工具。因此我们有必要提高警惕，不要被一些人的外表欺骗。

> **认知偏差漫谈**
>
> ### 权威服从实验
>
> 权威效应最典型的例子是心理学家斯坦利·米尔格拉姆（Stanley Milgram）进行的权威服从实验。实验人员告诉受试者，这是一项关于体罚对于学习行为的效用的实验，受试者将扮演老师的角色，对初次见面的"学生"施加电击。如果"学生"出现错误，作为"惩罚"施加的电击强度会慢慢提升，直到达到危险的程度。结果显示，在著名的耶鲁大学的实验室里，很多受试者都听从了身穿白色实验服的负责人下达的指示，持续向"学生"施加电击（实际上并没有真正施加电击，这些初次见面的"学生"都是实验人员假扮的，电击反应也是其伪装的）[3]。

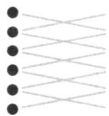

选项太多反而让人挑花眼

过多选择效应

下面哪家店卖的
果酱多呢?

A 24种果酱
   整齐排列

选项数目与满意度的关系

众所周知，如果选项很多，选择后的满意度就会降低，但这只限于为自己做出选择的情况。在代替他人进行选择的时候，选项多的话，选择后的满意度则会提升[3]。

B　6种果酱整齐排列

选项多不一定卖得好

直观地说，大家都会认为果酱品种齐全的 A 店销量更高吧。确实，在同一家店里进行的实验中，在试吃可选的果酱有 24 种的情况下，路过的客人中约有 60% 会停下来，而在试吃选择只有 6 种的情况下，路过的客人中停下来的约为 40%，可见选项多更能引起客人的兴趣。

但是，无论在哪种情况下，客人实际品尝的果酱数量并没有差异（平均不足 2 种），但购买果酱的客人的比例却发生了逆转。在只有 6 种选择的情况下，约有 30% 的客人选择了购买；而在有 24 种选择的情况下，仅有 3% 的客人选择了购买[1]。

这种选项过多反而妨碍人们做出选择的现象，被称为"过多选择效应"。

做出选择所需的时间和精力会成为压力？

选项过多会妨碍人们做出选择，是因为从众多的商品中只选择一个商品需要花费更多时间和精力，而这会带来更大的压力。另外，选项过多也会造成人们的想法过多，比如人们在选择时可能会考虑"如果不选这个的话，会怎么样呢""如果选择了别的商品的话，会怎么样呢"等，甚至在选择时觉得自己之后可能会后悔，这也是降低购买欲望的一个原因。

此外，过多选择效应在时间有限、自身喜好不明确的情况下会变得更为明显[2]。如果时间非常充足、自身喜好非常明确的话，选项多可能并不是坏事。

东西越少看起来越有吸引力

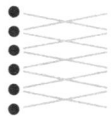

稀缺性偏差

对于被设限的商品，反而更想要了

还剩2台！

仅限会员购买！

大促！

距离销售结束还有2天！

对剩余数量、销售期限、购买资格加以限定，容易让人感受到商品的稀缺性。

▷ 被所剩无几的商品吸引

举个例子，两种蛋糕看起来都很好吃，一种所剩无几，另一种还剩下好多，那么大家都会选择"所剩无几的蛋糕"吧。

当某些商品很难买到手或者有限制的时候，我们感知到的这些商品的价值会增加，这种心理倾向被称为"稀缺性偏差"。发生这种现象的原因之一是很难获得的东西本身就很珍贵，颇具价值。

明天一定要买到。

布丁今日已售罄

本来不太想买，但一听说"卖完了"，反而会想要。

▷ 物以稀为贵的原因

产生稀缺性偏差的另一个原因是，**一个稀缺性高的物品会让人们觉得"再也无法得到它了"**。如果被剥夺了获得某种物品的自由，那么为了恢复这种自由，人们会产生"无论如何都要得到这种物品"的想法，这叫作"心理抗拒"（参照下面的"相关认知偏差"）。典型的例子就是如果打算拆散一对恋人的话，这反而会使二人的爱情更加坚固，这叫作"罗密欧与朱丽叶效应"[1]。

按照心理学家罗伯特·西奥迪尼（Robert Cialdini）的说法，稀缺性的吸引力主要体现在当某种物品刚刚变得稀缺，且得到该物品需要面临与他人的竞争的时候[2]。在商店里，我们经常看到的"剩下 X 台""限时购买"等标语，也是店家为了提高商品的稀缺性惯用的手法。

关键词解说

心理抗拒

当行动自由受到威胁或被剥夺自由选择的权利时，人们会强烈地希望恢复相关自由，这种现象叫作"心理抗拒"[3]。

这种现象会在各种场合发生——最典型的情境是你被迫采取行动或者你的选项受到限制。因此，如果人们被要求"必须做某事""绝对不能做某事"等，就会产生抗拒的心理。

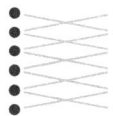

选 择
CHOICE

单位偏差

都是点了"一杯"，所以没什么大不了的！

即便同样点了"中杯"，在不同的店里，中杯的容量也不完全相同。但是比起喝的量，人们更容易纠结"喝了几杯"。

今天就点一杯吧。

在其他店里

今天也点一杯吧。

▷ 一人份应该正好

很多食品都是以事先确定好的单位出售的。在外面吃饭的时候，我们也经常遇到事先确定好分量的售卖方式。这种情况下，我们很容易认为，一人份、一盘、一杯等作为一个单位归纳出来的食物的分量是正合适的，因此我们"必须做到光盘"。同时，很多情况下我们其实并没有吃饱，但因为是按一人份点的餐，便会认为再吃就吃多了。

像这样，**认为一个单位就是适当的或最合适的量**的倾向叫作"单位偏差"。

▷ 使用单位作为判断的基准

在一项实验中，实验人员为人们免费提供点心，结果显示，根据当天准备的点心的尺寸不同，店里的总消费量（点心的总克数）也会有所不同。当准备的是正规尺寸一半大小的点心时，店里的总消费量变少了[1]。也就是说，即使提供的点心尺寸变成了原来的一半，人们也不会吃两倍的同类点心以达到和正规尺寸点心相同的量。这个实验反映出，比起总量，人们在消费过程中更容易受单位的影响。

人们对一个单位的一贯看法，不仅仅存在于食物方面，在看电影和乘坐游乐园的内部交通工具等方面也存在。人们对这些事情并不会按照总时长去计算，而是以"一部"和"一次"为单位来计算的。我们在读书的时候，会有"总之先读一章看看吧"这样的想法，这其实也是受到了单位偏差的影响。

总之必须读完这一章！

受到"一章"这一单位的影响，有时候即使某章的页数再多，人们也坚持读完。

专栏　　**认知偏差实验**

把点心的尺寸变小有助于减肥吗？

在一项实验中，实验人员告知受试者在实验持续过程中，实验室所提供的糖果"可以随便吃"。结果，实验室无论是提供大的糖果还是小的糖果，受试者平均下来都吃了同样数量的糖果[2]。也就是说，如果将一个单位的点心的分量减少，人们对该点心的食用量自然也会减少。

阐述了能够打动人心的说服术

罗伯特·西奥迪尼

| Robert Cialdini | 1945— |

美国社会心理学家，在研究用来打动人心的说服术和营销技巧方面成绩卓越。他曾经深入二手车销售店尝试销售工作，也曾从事募捐劝导工作，学习了营销方面的专业技巧，并在此基础上形成了著作，阐明了能够打动人心的机制。该书出版后十分畅销。

📖 **主要著作**

《影响力（第三版）》
社会行为研究会译、诚信书房

🔗 **相关认知偏差**

权威效应（P104）、稀缺性偏差（P108）等。

第

4

章

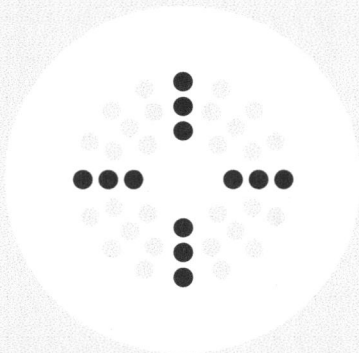

BELIEF

绝对是这样的

与**信念**

相关的偏差

每个人都有各种各样的想法，例如"我是正确的""媒体失之偏颇"等，这样的信念有时会与事实不符。关于信念的认知偏差充斥着日常生活中的方方面面。

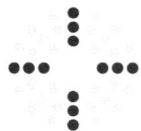

与正面信息相比，人们对负面信息更敏感

负面偏差

更在意负面评价

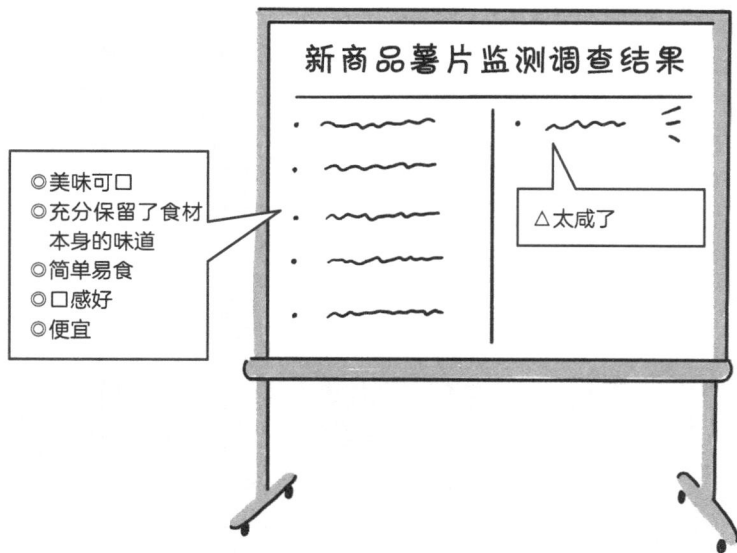

新商品薯片监测调查结果

△太咸了

◎美味可口
◎充分保留了食材
本身的味道
◎简单易食
◎口感好
◎便宜

这样啊……

不知道大家有没有这样的经历：如果对一种新商品进行监测调查，我们会发现，虽然正面评价占压倒性优势，好评如潮，但人们往往更在意占少数的负面评价。

▷ 人们对负面信息很敏感

人们往往记不清那些表扬自己的话语，但却将批评自己的声音铭记于心。**比起正面信息，人们更容易注意到负面信息**，这种记忆留存现象叫作"负面偏差"。

举个例子，社会知名人士即使做了很多积极的工作，也很难引起大家的关注。然而一旦他们有了丑闻或是发表了不当言论，其社会关注度就会瞬间提升。

有人做过一项实验，把两个与情感相关的词语组合起来，向受试者进行展示并让他们记住；一周之后，改变两个词语的顺序并混入新的词语组合，让受试者甄别其中是否有自己记忆过的词语组合。结果表明，对于负面词组，即使过了一周，受试者也能牢牢记住。[1]

🔗 **相关认知偏差**

积极性偏差

老年人对于消极信息的敏感度会降低，而关于积极信息的记忆比例会提高，他们由此产生所谓的"积极性偏差"。这是为什么呢？其实这是以调节情感为重点的认知机制在发挥作用，它使得人们不断减少对消极信息的处理，强化对积极信息的处理。不可否认的是，这种偏差虽然会使幸福感提升，但是不可避免地使得人们的风险认知能力减弱了。[3]

▷ 负面偏差与年龄增长的关系

负面偏差会随着年龄的增长而发生变化。 一项实验[2]，实验人员向 20 名 19 ～ 21 岁的受试者和 20 名 56 ～ 81 岁的受试者分别展示正面画面、中立画面和负面画面，并实时记录他们在看到 3 种画面时的脑电波波动情况。结果显示，年轻的受试者在看到负面画面时产生了强烈的脑电波波动，而年龄大的受试者在看到正面画面和负面画面时的脑电波波动程度相当，负面偏差的情况并没有出现。[2]

初次见面的时候……

啊，你好……

负面偏差也会影响一个人在他人心目中的印象。无论这个人给人的感觉多么好，"初次见面时感觉不好"的消极印象都会使此人在别人心目中被扣分。

失败总比什么都不做好

不作为偏差

与其让别人指出自己的不是，
不如默不作声

人们往往有这样的倾向：与其因为做错事而导致不好
的结果，还不如什么也不做，放任不良结果出现。

有谁能拿得出
方案吗?

这样的方案
……

现在不需要这样
的方案吧!

不管说什么都会被领导
嫌弃，不如保持沉默。

棒球裁判的"不作为偏差"

在棒球比赛中，如果击球手已经被逼出了 2 个好球，再有 1 个好球就要被三振出局，在这种情况下（有 2 个好球、3 个坏球时除外），针对击球手的下一次击球，裁判在判罚时有 31% 的概率把好球误判为坏球。这一误判概率是 2 个好球除外的情况的 2 倍。[4] 这就是裁判为了避免出现因自己的判罚而导致击球手出局的情况，无意识的"不作为偏差"在起作用。[5]

> 为什么大家都不发表意见?

> ……

▷ 不撒谎就没有问题吗?

当干事创业的"作为"和什么都不干的"不作为"都可能带来不良后果时，**人们往往消极地盯住错误的"作为"不放**[1]，这种现象叫作"不作为偏差"。产生不作为偏差的原因之一是，比起还没有做的事情，已经做过的事情更能让人感受到较强的"主观意愿"。

此外，一项实验结果显示，基于道德层面判断，比起主动传达错误信息的"作为"的谎言，人们更容易接受什么都不说的"不作为"的谎言。与儿童相比，成年人的这种倾向会更明显。受不作为偏差的影响，人们会认为**"只要不撒谎就没有问题"**[2]。

▷ 选择"什么都不做"的理由

一项实验将受试者设定为正在考虑是否要给孩子接种流感疫苗的家长。在实验中，即使实验人员向家长科普了"如果孩子接种了疫苗，流感导致的死亡率会降低""接种疫苗导致死亡的可能性非常低"，家长们也依然对"接种疫苗"持消极态度[3]，这种倾向在其他研究中也得到了确认。例如，在一次救援活动中，即使获救的人会比因此牺牲的人多得多，**很多人也不想冒哪怕一点"牺牲"的风险参与救援工作**。

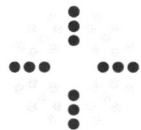

一被否定就生气

逆火效应

提出反对意见有时候会适得其反

对于你前几天跟我说的事情，我有一些不同的意见……

你说什么啊！我的看法绝对没错！

自己认为正确的信息和想法被别人否定或指出错误时，你会怎么做呢？

▷ 反而会固执己见

　　人一旦遇上与自身信念相抵触的观点或是有可能动摇自身看法的证据时，**往往不会改变自身的观点，反而会下意识地抵触它们，并且原来的观点反而会进一步强化**，这就是"逆火效应"。

　　这种效应为大家所了解是因为一项心理学实验。这项实验的内容是先让全体受试者读一个文件。这个文件讲的是，A 国在 B 国发现大规模杀伤性武器。随后，有半数受试者又读了第二个文件，来自结论为"B 国没有大规模杀伤性武器"的报告。在此之后，比起那些没有读过第二个文件的受试者，读了第二个文件的受试者反而更加支持"在被发现之前，B 国隐藏或废弃了大规模杀伤性武器"的说法[1]。

▷ 出现逆火效应的情况很少？

　　之后的研究也发现，**出现逆火效应的情况其实是非常少的**。从参与对象超过 8 000 人的 36 项涉及政治问题的实验来看，产生逆火效应的只有前面提到过的关于"B 国拥有大规模杀伤性武器"的实验[2]。这个结果说明，**只要是基于事实的信息，即使与个人所坚持的信念有所冲突，大多数人也还是愿意倾听并接受的**。

在接受对方意见的基础上再提出不同看法的话，对方也许更容易接受。

専栏　　**认知偏差实验**

同时保留两方观点是否可行？

在表达和对方不同的观点时，不要一股脑地全盘否定，而是要先表示对彼此观点的认可，再指出对方观点的问题，这样做会更容易让对方接受。

一项关于说服对方的实验表明，同时保留两方观点的做法是行之有效的。与其单方面灌输自己的观点，不如同时认可对方的部分观点，并对其中的问题进行反驳。例如，我们如果想推动禁烟，可以同时列明吸烟的好处和坏处，并在此基础上指出吸烟弊大于利，这样做效果会更好[3]。

信念
BELIEF

看哪个店排队的人多就跟着排队

乐队花车效应

既然大家都赞成的话，
我也同意吧

赞成！

赞成！

赞成！

我……
我也赞成！

人在选择困难的时候，往往
会迎合大多数人的意见。

120

▷ 试着追随主流

　　在商务场合，自己与多数人意见不一致的情况下，你最终有没有屈从于多数人的意见呢？另外，你有没有到人气爆棚的饮品店或小吃店排队购买"爆款"产品的冲动呢？

　　从社会评价和流行趋势可以看出，**大多数人所支持的人或商品更容易被人们接受和选择，这是普遍现象**。在游行队伍中，载着乐队的车辆（乐队花车）会更吸引观众，这种"抢着骑获胜的马"的现象被称为"乐队花车效应"[1]。

　　这种效应主要来自人们普遍怀有的"大家都有的东西我也想要""想成为这个群体的一员"的欲望。也就是说，如果拥有一种物品的人越多，拥有这种物品的人的满意度就越高。

▷ 也有想支持少数派的时候

　　与乐队花车效应相对，想**支持少数派意见**的现象被称为"underdog 效应"。underdog 是"弱者""失败者"的意思，因此这种效应被译为"劣势者效应"。

　　例如，有时候在选举前不被看好的候选人，反而获得了比预想中更多的选票，实现大逆转并最终获胜。之所以出现这种情况，就是因为劣势者效应在发挥作用。

我们支持 A！

哦！

哪怕就我自己，我也要支持B！

"支持 B 的人很少，所以哪怕就我自己，我也要支持 B！"有时候也会出现这种情况。

🔗 **相关认知偏差**

虚荣效应

人们有时会产生"不想拥有和别人一样的东西"的想法，通俗地说就是"不想要烂大街的东西"。这种因为自己拥有独一无二的东西而满足感大增的现象被称为"虚荣效应"[2]。

就像上文提到的，人们的意愿和决策有时候并不完全取决于事物本身是否足够出色，而往往受他人的决定和行为等外部因素影响。

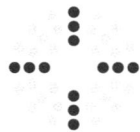

别人获益的话自己就会吃亏

零和效应

"大家的评价都很好" 是不可能的

我也是!

人事考评结果很好，我算是松了一口气!

大家的评价都很好，那我的评价一定很差……

我也是!

会议室

如果比自己先接受人事考评的同事都得到了好结果的话，很容易觉得自己的评价一定不好。

▷ 所得与所失之和应该等于零

不知道你有没有过这种想法：虽然知道自己公司的人事考评不是相对评价，但如果了解到周围的人都得到了很好的评价的话，就会下意识地觉得自己的评价很差……

假如一个人获得了利益，另一个人必然产生损失，得到的和失去的之和为零，这种情况叫作"零和"。

人类从很久以前就开始通过互相争夺有限的资源来求得生存。受此影响，即使在某些实际上不属于零和状况的场景中，人们也容易本能地认为，**如果有人得到了好处，那么必然有人会吃亏**，这种想法被称为"零和效应"。

▷ 成功是建立在牺牲他人的基础之上的？！

实验证明，即使在事前明确知晓人事考评是绝对评价的情况下，零和效应的信念偏差依然存在[1]。

而且，在很多实际上不属于零和状况的场景中，如果你把它视作零和状况，就会产生"**别人的成功意味着自己的失败**"的想法。假设这种状况发生在谈判中，人们可能会想"**我要想获益的话，对方就必须吃亏**"，这将带来很多不必要的竞争和误解。

也会出现"全体人员的人事考评结果都很好"的情况。

专栏　　认知偏差实验

移民问题与零和效应

零和效应也影响了移民问题。一项研究以加拿大人和美国人为对象，对其在移民问题上的零和效应强度进行了测定，结果是研究对象普遍认为"移民的经济利益越大，本身居住在加拿大或美国的居民在经济上的损失就越大"。基于此，在移民问题上坚持"零和"信念的人，会展现出对移民的否定态度，同时也会明确表示不愿意接触移民[2]。

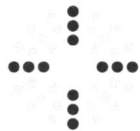

相信媒体的人很多吧

第三者效应

除了自己以外，大家都容易受媒体影响

卫生纸可能会供应不足！

啊，怎么又有人盲目囤卫生纸了！

人们很容易觉得，只有除自己之外的他人（第三者）才会真正相信媒体报道的信息。

▷ 第三者受媒体影响

人们在接触到媒体信息时，往往认为"**自己不会受到媒体信息的影响，但他人（第三者）会受到其影响**"。社会学家菲利普斯·戴维森（Phillips Davison）把这种状况叫作"第三者效应"[1]。

为了验证这一效应，戴维森选取 4 个话题进行了研究，其中包括媒体报道对 1978 年纽约市长选举的影响以及电视广告对儿童的影响等。当他询问受访人这些媒体信息对自身的影响以及对他人的影响时，他发现无论在哪个话题中，受访者都会**高估媒体信息对他人的影响**。类似的倾向在随后的很多研究课题中都曾反复出现。

▷ 自己的行为也被左右

过度解读媒体信息对他人的影响，结果往往是**自己的行为也被媒体信息左右**。

例如，如果有人从新闻中得知类似"卫生纸供应不足"的谣言在流传，他会想到"别人可能会相信这个谣言而去囤货，从而导致卫生纸真的供应不足，自己必须要抢在这之前先去买上一些"，于是就跑去买卫生纸了。因此，即使每个人都不相信这个谣言，但因为第三者效应的存在，超市的卫生纸也还是被哄抢一空。

有人会被谣言欺骗，在大家囤货之前，我先去买上一些吧！

卫生纸

即使你认为"那是谣言"，你的行为也会被改变。

🔗 **相关认知偏差**

反第三者效应

当媒体所传播的消息不符合人们的期望时，第三者效应会更加明显。

与此相反，如果人们通过媒体接触到的信息是社会和他们自身所希望看到的，"反第三者效应"就会产生。一份报告显示，有些媒体报道带有一定的公共性，旨在宣传增强健康意识，它们对某个人和对其他人的影响几乎没有差别，甚至对某个人的影响会比对其他人更大[2]。

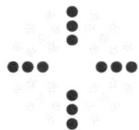

我是对的，是别人错了

天真现实主义

大家肯定也会和我意见相同吧？

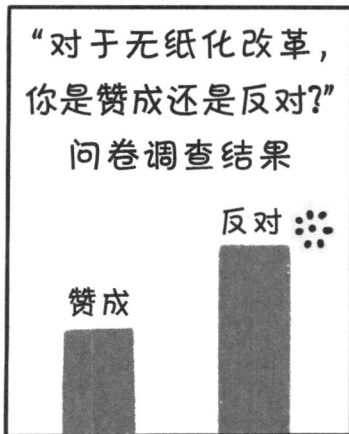

"对于无纸化改革，你是赞成还是反对？"问卷调查结果

反对

赞成

啊？！
有这么多反对意见？！

人们很容易认为"自己做出了合理的判断，周围的人也应该持有和自己相同的意见"。

自己能客观看待现实

通过多数表决制得到的结果和自己预想的不一样，你是不是感到很吃惊？这是受人们看待现实的天真信念影响的结果，人们的这种信念也被称为"天真现实主义"[1]。

天真现实主义包括两个方面的思想：一是与自身相关的思想，即**"自己能够客观看待现实，自己的意见是在综合已掌握信息的基础上，仔细斟酌，冷静、公正地思考所得出的结果"**；二是与他人相关的思想，即**"如果其他人接触到同样的信息，也同自己一样合理地进行思考的话，他们也会持有和自己一样的意见"**。也就是说，我们天真地相信自己的意见是正确的，其他人应该也会认可这种正确的意见。

> 我不理解为什么有人会反对无纸化。

对自身坚持的意见毫不怀疑，有时还会
认为其他人的想法很奇怪。

意见相左是因为对方有问题？

天真现实主义还包括另外一层思想，即当他人的意见与自己的相左时的思想。与他人产生分歧的时候，我们会想"这个人一定是接触到了与我不同的信息""这不是一个能冷静思考的人"，甚至有人会认为"这个人是为了自身利益和自己的思想主张而故意歪曲观点"。

像这样，**认为与自己意见不同就是对方有问题的思想**，有时会成为自身与他人对立的原因。

专栏　　**认知偏差实验**

视角不同导致解读不同

1951年，达特茅斯学院和普利茅斯大学举行了一场足球比赛。这是一场激烈的比赛。由于双方球员动作幅度过大，比赛一开始就有多名球员受伤，裁判也不断出牌警告双方球员注意动作。在这之后，有人以这场比赛为主题进行了研究。研究人员组织两校学生观看了比赛录像，并让他们对比赛中的犯规行为以及比赛的激烈程度进行评价。结果显示，两校学生会从不同的角度对比赛进行解读，互相指责对方球队。不仅如此，当研究人员告知他们两所学校的学生对比赛的看法并不一致时，学生们提出"对方和自己看到的比赛录像应该是不一样的"，这也是基于天真现实主义的观点[2]。

敌对媒体效应

媒体在支持对方政党……

即使是中立的选举报道，也会让人觉得"这则报道太偏向特定政党了吧"。

报道只提B党的主张。

A党……

B党……

A党

媒体犬儒主义

媒体报道方式的不同会带给观众不同的印象。相比于报道社会问题及其解决方案等政策性争议问题，媒体更喜欢聚焦于竞选人之间的对立以及选举中的战略选择等。这种报道方式不仅导致人们对选民政治的嘲讽，也会大大激发人们对媒体的反感[2]。另外，有研究结果显示，对"媒体失之偏颇"这种敌对媒体效应认知水平越高的人，对全部媒体的不信任程度也越高[3]。

全是偏向A党的报道。

B党

▷ 为什么觉得这是"失之偏颇的报道"呢？

在看有关选举的报道时，你有没有觉得"这档节目总是做些失之偏颇的报道"？**认为媒体的报道偏向与自己相反的立场，也就是偏向敌对立场，**这种现象被称为"敌对媒体效应"。

正如我们在介绍天真现实主义（P126）时所描述的，我们认为自己正确、客观地认识了现实，而且倾向于认为和自己立场不同的观点就是不正确的、扭曲的。因此，即使媒体均衡了双方意见，进行了客观中立的报道，但只要其包含与自己观点不一致的意见，人们就会觉得它是"失之偏颇的报道"。

▷ 明明看的是同一则新闻报道

对于这一认知偏差，有人进行了实验。在向大学生们播放了同一则关于两个国家之间的军事冲突的新闻报道后，支持 A 国的学生评价这是一则"带有反 A 国倾向的报道"，而支持 B 国的学生评价这是"带有反 B 国倾向的报道"。

另外，这一认知偏差在形形色色的话题中都能见到，**而且越是关心这些话题并积极参与话题讨论的人，其偏向性越强**[1]。

第 4 章　信念

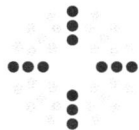

刻板印象

能根据职业来判断一个人吗？

哇，
感觉他是银行职员！

啊，
感觉他是媒体界人士！

一说到银行职员，你脑海中有没有立马浮现出"认真，着装整洁"的形象？而提起媒体界人士，你是否立马想到"略浮夸，打扮休闲"的形象？

▷ 给人贴上某个群体的标签

银行职员"认真、一丝不苟",媒体界人士"阳光、形象好"……不知道你是不是一听到某个职业,脑海中就立马浮现出与之对应的某一形象呢?除此之外,人们可能还有"女性不太擅长与机械相关的工作""意大利人都很开朗"这样的印象。

像这样,根据职业、性别、人种、外表特征等,把人划分成形形色色的群体,**对这个群体及其成员的固定印象(自以为是)被称为"刻板印象"**。这个词语来源于中国的活字印刷术,引申为"跟用模板印刷出来的似的,都一个样子"。

▷ 这种定论会导致偏见和误解

举个例子,听到"日本人"你会联想到什么?一项调查显示,受访的日本国民都提到了"没有主见""没有个性""认真""勤劳"等词语[1]。

刻板印象可以说是一种过度简化的信息,**无论你是否熟悉某个群体**,都会对其产生这样的印象。虽然这种印象能帮助你更容易地了解这个群体,但也会导致将**群体印象个人化**、抹杀个人独特性的情况存在,从而引发错误的判断。

试着思索一下,如果自己被冠以刻板印象,你会怎么想?意识到这一点后,在自己发言的时候,我们有必要停下来反思一下自己是否陷入了这种认知偏差。

在招聘会等场合,人们往往依据基于"XX大学""XX学院"的刻板印象评价一个人的能力和人品。

🔗 相关认知偏差

矛盾的刻板印象

刻板印象可以从能力和人品两个方面来生成[2,3]。但是在刻板印象中,两个方面都很好(或者很差)的情况很少,往往是一个方面好的话,另一个方面就很差(例如"政治家能力强但人品不好"这样的印象)。这种两个方面截然相反的评价共存的刻板印象被称为"矛盾的刻板印象"。

努力过后可以做点出格的事吗

道德许可效应

今天很努力地工作了，
不让座也没问题吧？

今天我把休假同事
的工作也做了……

刚才我在公交车上
已经让座了……

在面对自私行为时，有时
会有给予其"免罪金牌"
的想法。

▷ 努力过后可以做点出格的事

一个人平时为了别人而努力的话，有时可能会觉得稍微做一些出格的事也没有关系。像这样，一个人认为自己得到了**"做了好事后可以不被约束"**的现象，被称为"道德许可效应"。

一项实验中，实验人员让受试者想象一下自己在帮助他人后的一个月内，再次参与捐赠等慈善事业和援助活动的可能性。结果显示，与平时什么都没做过的时候相比，受试者在帮助过别人之后从事这些"社会性理想活动"的意愿很低[1]。

▷ 用好事来弥补错事

在做了错事后更容易做好事，这种与道德许可效应相反的倾向也普遍存在。

在上述实验中，实验人员将"帮助他人的经历"换成"利用他人的经历"后，再次询问受试者的想法。结果显示，在有了利用他人的经历之后，受试者从事"社会性理想活动"的积极性会明显提高。这可以认为是，**受试者想通过做好事来实现自我形象的修复**。

人们都希望被看作"好人"，但与此同时，人们也有"不受规则约束，自由生活"的欲望，这样的心理作用也被认为是道德许可效应出现的根源。

> 我一直都在认真工作！

总是认真工作的话，偶尔表现出懈怠的样子也会觉得没什么大不了。

专栏　　**认知偏差实验**

消费行为中的道德许可效应

道德许可效应在消费行为中也会出现。例如，一项实验发现，在志愿活动中，如果允许志愿者做完好事后自由选择一件商品，大家一般都会选择一些日常生活中不怎么购买的奢侈品[2]。在做了好事后，利己的激情消费会更容易发生。

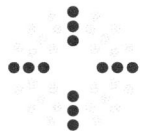

长得好看的人也能干好工作吗

光环效应

网站做得很美观的公司能相信吗?

这家公司的网站很酷,浏览起来也很方便!

好的,那就选择这家公司吧!

根据这个做决定真的合适吗?

有时候我们见到事物好的一面后,便相信"它应该一切都很好"。

看了一部分就觉得"一切都好"

你是否有过这样的经历：看了某个美观且功能齐全的企业网站后，就对其产生了良好的印象，认为这是一家认真负责的企业。

我们有时**仅仅看到了某个人或事物的部分优点，就判断这个人或事物是整体优秀的**。这种基于人或事物显著的外在特性，对与其相关的一系列特性做出整体评价的现象被称为"光环效应"。"光环"本指宗教画册中圣人背后的轮状光晕，因此光环效应也被称为"晕轮效应"。

什么？那个人是……我们的总经理？！

不要以貌取人。

以貌取人的危险

心理学家爱德华·桑代克（Edward Thorndike）曾委托军队的指挥官对其下属的体格、智慧、领导能力和性格 4 项指标进行评估。尽管事先已经明确要求对 4 项指标进行独立评估，但结果显示，"智慧""领导能力"和"性格"3 项指标的评估值与"体格"的评估值高度关联。

也就是说，在指挥官眼里，**体格好的人在智慧、领导能力和性格方面都很优秀**。桑代克指出，在同一时期进行的以大型企业员工为对象的评估调查中，也出现了与军队中同样的结果[1]。

专栏　　**认知偏差实验**

有魅力的人能减轻刑罚吗？

在一项实验中，受试者需要通过阅读部分抢劫案件和诈骗案件的案卷，模拟做出判决。在抢劫案件的判决中，与那些没有魅力的被告相比，针对有魅力的被告所做出的判决都相对宽松。但在诈骗案件的判决中，并没有出现这种结果[2]。针对抢劫案件，受试者可能会产生"这么有魅力的人参与抢劫，一定是有什么不得已的苦衷"的想法；但对于诈骗案件，受试者则可能会想"这些人竟然利用自己的人格魅力来诈骗"。

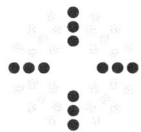
我觉得自己比较帅

优于常人效应

一直拥有优于常人的人生经历

我的学习成绩大约是
中等偏上水平吧!

中学时代

比起一般人,
我更受欢迎吧!

大学时代

比起普通人,我的
工作更加出色吧!

参加工作后

▷ 自己"优于常人"的幻想

你能胜任公司的工作吗？对于这个问题，即便无法自信满满地说"能干得很出色"，也会有很多人自负地回答**"一般人能做的我也能胜任"**。

在法国的一项调查中，90% 的职业经理人评价自己的专业水平高于同事的平均水平。在其他国家的类似调查中，也只有 1% 的人认为"自己低于平均水平"。另外，美国的一项调查显示，很多外科医生认为自己所负责的患者的死亡率比平均值要低[1]。这种**认为自己在某项特长和能力方面比其他人的平均水平高**的现象被称为"优于常人效应"。

▷ 认为"自己开车开得比别人好"的理由

在欧洲和美国，优于常人效应在伦理观、才智、忍耐力、魅力、健康、驾驶等方面都得到了印证。在日本，这种效应不像在欧美国家那么明显。

优于常人效应与自我奉献、自我激励等肯定自我的认知偏差有关，除此之外，它还与以自我为中心的判断过程密切相关[2]。

也就是说，在将自己与他人进行比较时，人们往往会过度地关注自己，并做出自己"比他人优秀"或"不如他人"的判断（参照下文的"相关认知偏差"）。

销售额排名可能在平均水平以下……

与优于常人效应相对应，现实中也存在差于常人效应。

🔗 **相关认知偏差**

差于常人效应

与优于常人效应相反，认为自己在特长和能力方面比一般人差的现象被称为"差于常人效应"。例如，在与自己的专业高度相关的领域，存在着优于常人效应；而在自己不太擅长的领域，则存在着差于常人效应[3]。之所以出现差于常人的判断，可能是因为即使人们以自我为中心，也会存在"在非自身专业领域无法和别人充分竞争"的想法。

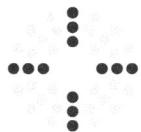

信念
BELIEF

无意义公式效应

> **人们高度评价包含
> 数学元素的内容**

写上数据和算式的话，总感觉研究报告很有
价值的样子。

研究报告

这份更有价值!

▷ 公式带来好评

你在展示新的策划方案时，如果加上数据和算式，会增加说服力。即使这些数据和算式毫无意义，但只要加入数学元素，与之相关的评价也会大大提升。

在一项实验中，实验人员向拥有研究生学历的受试者们提供了两篇研究论文（一篇人类进化学论文，一篇社会学论文）的摘要，并要求受试者对论文质量进行评价。之后，实验人员在一篇论文的最后加入了公式，并同时附上一句"为了说明每一步的效果而提出的数学模型建议"。

实际上，这个公式是从其他无关的论文中摘抄的，放在这里毫无意义。但是，增加了公式的论文获得的评价明显更高[1]。

▷ 数学越差的人越迷信数据

像这样，如果说明文章中含有数据或公式等数学元素，即使这些元素毫无意义，也会导致人们错误判断说明文章的价值，给出较高的评价，这种现象叫作"无意义公式效应"。

在上述实验中，重要的一点是，不管论文的内容如何，只要有数学元素，论文就会获得高评价。而且这种盲目的数学信仰，在对数学、理学、工学不熟悉的人文学科和社会学科等领域的人群中愈发明显[1]。

幸福机制研究

丹尼尔·吉尔伯特

Daniel Gilbert	1957—

　　美国社会心理学家，被誉为"情绪预测（预测对将来发生的事情的情绪）"研究第一人。他提出的著名理论是"人们对于自己未来将要发生的事情的情绪预期存在偏差，经常远超实际获得的感受"。

📕 主要著作

《撞上幸福》

🔗 相关认知偏差

影响偏差（P46）等。

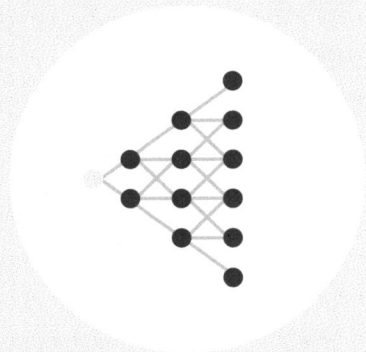

一定是因为这个

与因果

相关的偏差

对于一件事发生的原因，我们很容易用"那是 XX 的错"等对自己有利的理由来解释，但事实上很多理由与这件事并没有因果关系。我们很有可能会在不知不觉中陷入错误认识原因的认知偏差中。

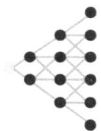

是因为喜欢所以心跳加速吗

归因错误

在吊桥上萌生的爱情都是假的?

比起在坚固不动的桥上，在摇晃的吊桥上遇到有魅力的异性的时候，可能更容易对对方产生好感。

她是很棒的人！

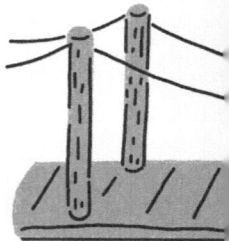

坐过山车也会产生归因错误?

还有一项类似于"吊桥实验"的实验。实验人员分别向在游乐场内等待坐过山车的男士、女士和已经坐完过山车的人展示异性的照片,并询问他们对照片中异性的魅力的评价。结果显示,不管是男士还是女士,已经坐完过山车的人对照片中异性的魅力的评价较高。但当同乘者是恋人或配偶的时候,坐过山车前的人和坐过山车后的人对照片中异性的魅力的评价没有区别。实验人员顺带询问了人们对同乘者的魅力的评价,结果显示,人们在坐完过山车后对同乘者的魅力的评价显著降低。之所以出现这种情况,可能是因为人们坐完过山车后出汗、头发乱,导致魅力减少[2]。

啊,你好……

▷ 人们有时会弄错自身情感产生的原因

在事故现场偶然遇到一位平时不怎么留意的异性,可能会因为心跳加速而产生"我实际上是喜欢他的吧"这样的错觉。

著名的"吊桥实验"是在加拿大一座高 70 米的吊桥上进行的。实验人员让有魅力的女性在桥上请求路过的男性协助做一些调查,最后将自己的电话号码给他们,告知他们"之后会详细说明实验要求"。结果显示,收到请求的 18 名男性中,有 9 人打来了电话。相比之下,在一座坚固不动的桥上进行的同样的实验中,16 名收到请求的男性中只有 2 人打来了电话[1]。过不稳定的吊桥时,人们有时会因为恐惧而心跳加速,这时被有魅力的女性搭话,便可能误以为这样的生理兴奋是**因为自己对那名女性有好感而产生**的。

推测事情发生原因的过程,在心理学上被称为"原因归属",或简称为"归因"。而像这个例子一样,弄错事情发生原因的现象叫作"归因错误"。

▷ 不产生归因错误的情况

如果错误认定的原因本身就站不住脚的话,归因错误就不会产生。例如,在"吊桥实验"中,实验人员也让男性调查者参与了实验,由男性调查者委托过桥的男性协助调查。在这种情况下,无论是在吊桥上还是在固定的桥上进行实验,几乎都没有人打来电话,所以可以认为在这种情况下没有产生归因错误。

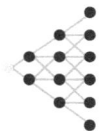
病由心生

伪药效应

我变得清醒是因为喝了咖啡吗?

如果人们抱着"它很有效"的想法食用或饮用某个东西,那么即使它没有加入真正起效的成分,也会让人感觉确实有效。

▷ 啊？！其实不含咖啡因？

喝了咖啡觉得"睡不着"，但实际上喝的是不含咖啡因的咖啡；吃了止咳药觉得"不咳嗽了"，但其实拿错了药，吃的是胃药……

像这样，因感觉其"有效"而饮用某种饮料或服用某种药的话，即使这种饮料或药并没有加入有效成分，人们也会觉得自己的状态得到了改善，这种现象被称为"伪药效应"或"安慰剂效应"。日语中的"安慰剂"和英语中的"please"词源相同，都源于拉丁语中一个意为"让人高兴"的词语——placebo。

这种药的功效是……

认真听药师介绍药品，充分了解其功效，服用效果可能会提升。

▷ 伪药效应来自人们的期待

医疗场景中的伪药效应是因患者对药效的期待而出现的，而这种期待来自对过往疗效和他人治疗过程的观察，以及治疗中的相关解释说明。另外，治疗过程中医务工作者的态度、情感表达、交流方式等也起到了很大作用[1]。

由于伪药效应的存在，新药研发开始使用名为"双盲法"的实验方法——将受试者随机分成两组，在同一时间段内，给予一组安慰剂，给予另一组新药，之后比较治疗效果。为了不让患者的期待等偏差影响实验结果，在实验过程中，无论是医生还是受试者都不知道哪一组得到的是安慰剂。如果通过这种方法得出的结果是**新药的效果明显好于安慰剂的话，这种新药就会得到认可**。

🔗 **相关认知偏差**

反安慰剂效应

与伪药效应相反，担心药物副作用的患者虽然服用的是安慰剂，但是依然出现了与服用实际药物相同的副作用，这就是"反安慰剂效应"。日语中的"反安慰"一词也来源于拉丁语，其意思是"危害"。研究人员最初发现并报告这一效应的契机是，他们在使用双盲法进行的实验中发现，服用安慰剂的受试者竟然出现了与药物副作用相同的反应[2]。

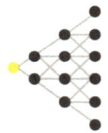

功劳给自己，失败怪别人

自利偏差

成功是自己努力的结果

嗯，因为我努力了！

资格考试
通过

去年考试的时候……

遇到的都是些故意刁难人的题目。

未通过

人们常常将失败归咎于问题的难度和运气，而在成功的时候则归功于自身的能力和努力。

146

▷ 从他人身上找失败的理由

如果考试通过、工作顺利的话，人们往往认为"因为我自身能力强""都是我努力的结果"；但当出现相反的结果时，却不怎么考虑是否是因为"自己能力不足""自己不够努力"，而是归咎于"考试很难""谈判对手很难缠"等。

从能力和努力等内在因素出发寻找成功的原因，而从他人和环境等外在因素出发寻找失败的原因，这种现象叫作"自利偏差"。

▷ 取得期待的结果多亏了自己

人们在做某件事时，更期待获得成功而不是失败。因此，如果和自己所期待的一样大获成功，人们就会认为"多亏了自己的能力（内在因素）"；而失败的结果与自己的期待相反，人们就往往认为失败是"自身问题以外的因素（外在因素）导致的"。人们倾向于这样分析结果，这就是产生自利偏差的原因[1]。另外也有一种说法认为，**把成功认定为自己的贡献，可以向他人展示自己的积极形象，自利偏差的出现也与人们的这一动机有关**[2]。

自利偏差可以发生在任何人身上，这**与精神健康有关**。自利偏差也有积极的一面——正因它的存在，人们才不会失去自尊心，才能够平静、积极地度过每一天。

同样是胜利者，欧美人和日本人对成功的原因的认知却有很大的不同。

专栏　　**认知偏差实验**

自利偏差有文化差异吗？

与自利偏差相反的是，日本人身上存在着自谦的倾向。这种倾向不仅仅与文化差异有关，也与个体的存在方式（自我概念）有关[3]。

有的人希望打造并维持集体观念强、善于协调与他人的关系的正面形象，比起自身，他们可能更关注其他人。因此，在考虑成功的原因时，这类人可能会优先从增强彼此自尊心的层面入手。由此出现了上图中日本人所说的那种话。

第5章　因果

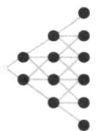

原因随着视角改变

行为者-观察者偏差

自己失败的话是其他人的错，
别人失败的话是他们自身的问题

自己是"行为者"还是"观察者"，站的
角度不同，对事物的看法也会发生变化。

那份资料放在
哪里来着？

都怪这周被安排了太
多工作……

从他人的角度看问题，原因会改变

研究表明，即使你是观察者，如果站在行为者的角度看问题的话，也会把行动失败的原因归结于外部状况而不是个人能力。在一项实验中，实验人员将受试者分为两组并让其观看视频，一组受试者主要关注视频中人物的感情并争取与其产生共鸣，另一组受试者则主要观察视频中人物的动作。在观看完视频后，实验人员让两组受试者分别推测视频中人物行为产生的原因。结果显示，比起只观察动作的受试者，有同感地观看视频的受试者将人物行为产生的原因归结于周围状况的倾向更明显[2]。

第二天……

哪份资料放在哪里来着？

这家伙把事情搞得一团糟！

▷ 行为者和观察者的归因方式不同

人们自己把资料弄丢或把物品弄坏时，会把责任归咎于"工作太多了""东西放置不当"等外部状况和他人；但当别人发生了同样的状况的时候，他们会说这是因为那人"没有条理，把事情搞得一团糟""粗心大意"等，把责任归咎于别人能力不足、性格不好以及不够努力等。

自己是行为者的时候，认为外在因素导致了不好的状况；而自己是观察者时，认为行为者的内在因素引发了不良问题。这种现象叫作"行为者 – 观察者偏差"。

▷ 偏差来自视角和信息的差异

行为者和观察者的不同归因方式主要与以下两点有关。

一是两者的视角不同。行为者观察周围的状况后去做某事，因此容易把成功或失败的原因归结于周围的环境和人员。相比之下，仿佛是在鉴赏一幅描绘了周遭环境和人物的画一样，观察者把行为者看作"画中人物的一员"，因此更容易把原因归结于行为者本身。

二是两者的可利用信息不同。行为者可以对照自己过去的行为信息和当前的行为来综合考虑。而观察者不掌握行为者过去的行为信息，所以只能根据自己看到的行为来进行推测，从而很容易将原因归结于行为者的能力和性格问题[1]。

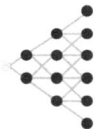

我们很厉害呢

群体内偏见

如果知道对方和自己是同一群体的人就会优待他

哎呀！这个人和我是老乡啊，那就选择这个人吧。

有时会觉得与自己出生在同一个地方或读同一所大学的人，比没有这些特征的人能力更强。

▷ 倾向于选择"亲近的人"

来参加面试的两个人有着相似的履历，当你犹豫选择哪一位时，其中一人碰巧和你来自同一个地方，那么你会如何选择呢？在双方条件基本相同的情况下，可能大多数人会倾向于选择与自己来自同一个地方的人。

尽管备选人员实际上没有太大差别，但是**比起其他群体（群体外）的人员，人们还是倾向于给予与自身处于同一群体（群体内）的人员更高的能力评价。**这种"任人唯亲"的现象叫作"群体内偏见"。

是同一个大学的学弟啊，以后看你的了！

哈哈哈　　哈哈哈

当你意识到你们属于同一个群体时，你会表现出友好的态度。

▷ 选择"亲近的人"是为了提升自己的价值?

报酬分配实验发现，即使按照毫无意义的标准，随机将匿名受试者划分成一个个群体，群体内的人们也会希望给自己所属的群体分配更多的报酬[1]。

人们除了拥有"擅长 XX"这样的个人特征外，还会有"XX 公司的员工"等与所属群体相关的社会身份。人们会将所属群体的特征融入自己是怎样一个人这种"自我概念"中，使其成为个人特征的一部分。

也就是说，**如果提高自己所在群体的优越性，属于这个群体的自己的价值也会间接提升，**因此也就产生了群体内偏见。

> 🔗 **相关认知偏差**
>
> **黑羊效应**
>
> 如果群体内有人不喜欢这种群体内偏见，人们就会产生贬低或排斥这些人的倾向。实验结果也确认了这一点，不喜欢群体内偏见的人不仅不会被群体内人员亲近，反而有被歧视的倾向[2]。这种现象起源于这样一则故事：白色羊群中混入了一只黑羊，这只黑羊就会被白羊排挤。所以这种现象也被称为"黑羊效应"。

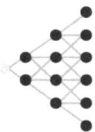

受到伤害要怪自己吗

指责受害人

他的钱包被偷了是他自己的责任吧

钱包被偷了！

难道不是因为你在
电车里迷迷糊糊的吗?

即使不是本人的责任,
也会被责备"都怪你
自己"。

▷ 为什么明明是受害人却遭受责备

一些人作为受害人不幸被卷入了某些事件或事故，这些人本身并没有过错，尽管如此，**也会出现被责备的情况，仿佛这些受害人也存在某种过错似的**，这就是指责受害人现象。

一些人从小就树立了这样的信念：世界是公平和安全的，人们不会突然遭遇不幸（参照下文的"相关认知偏差"）。但是在现实生活中，有时候会发生一些动摇这一信念的事件或事故。此时，人们会用"**一定是受害者做了坏事才受到惩罚**"这样的因果报应论来谴责受害人，以通过这种方式维持自己原有的信念。

▷ 指责受害人现象不仅仅存在于突发事件和事故中

在欺凌、疾病、贫困等方面也会发生指责受害人现象。比如，有的人因就业难而找不到工作，人们会**不正当地责备**他们"不提高技能""没有拼命找工作"等。

在受害人中，也有人因为指责受害人现象而受到周围人的**诽谤中伤等二次伤害**，其结果是受害人放弃起诉与追究责任，反而责备自己。

是你自己的责任！

你也有过错吧？

你在社交网站上诉说自己的烦恼，结果评论里有人说"是你自己的责任"，这样你不仅没有疏解烦恼，反而变得更加痛苦。

🔗 相关认知偏差

公正世界假设

在一项实验中，实验人员让受试者观察因受电击而遭受痛苦的受害人的状况，之后询问了受试者对受害人的印象。结果显示，受试者对受害人的人品评价非常差[1]。实验说明，之所以出现这种情况，是因为受试者都秉持"世界是公正的"这一信念，从而认为"受害人一定是罪有应得"。

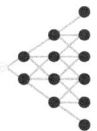

那是你的错

基本归因错误

问答类节目的主持人都学识丰富?

2021年世界总人口是约78.75亿!

主持人知道问题的答案是理所当然的,但有时看起来就像学识丰富一样。

认为行为产生的原因在某人自身

在商务场合，如果客户弄错了时间，没有在约定时间内赶到，你可能会觉得"客户是一个不严谨的人"。实际上，也有可能是下属的失误——跟客户约错了时间。

我们在考虑他人行为产生的原因时，**更侧重考虑与他人自身相关的内在因素**，比如本人的性格和能力等，**而非周围环境等外在因素**。这种倾向在分析他人行为产生原因时普遍存在，叫作"基本归因错误"。

忽略了外在因素的影响

在一项实验中，受试者们被要求旁观一位出题者和一位答题者玩猜谜游戏。在游戏中，出题者从自己擅长的领域考虑，出了 10 道题让答题者作答，结果答题者平均答对了 4 道题。

游戏结束后，实验人员询问受试者们如何看待出题者和答题者的知识丰富程度，受试者们对出题者的评价是"非常博学"，而对答题者的看法则是"水平和学生们的平均水平差不多"[1]。

出题者从自己擅长的领域出发出了一些很难的题，答题者的正确率低也是可以理解的事。尽管如此，受试者们不考虑这些外在因素的影响，所以给出了**"答题者的正确率低是因为出题者的水平高"**的评价。

喂！

真是个难缠的家伙啊……

眼前这人如此生气，可能不是因为这个人脾气不好，而是店员过于怠慢了。

认知偏差漫谈

文化不同，归因角度也不同？

一项研究试图通过对比美国发行的有代表性的英文报纸和中文报纸上的文章，来了解归因过程中的文化差异。从实际发生的两个事件的报道内容看，英文报纸侧重于介绍犯人的性格等内在因素，而中文报纸则着重报道了社会形势等外在因素，这一对比很容易体现出两种文化的归因侧重差异[2]。这是在欧美和亚洲归因角度不同的一个典型例子。

提出推动人们做出选择的"助推理论"

理查德·塞勒

Richard Thaler	1945—

　　美国经济学家，提出了"助推理论"，也就是利用人的心理，引导其在不知不觉中向好的方向发展，从而提高经济效益，而非运用强迫或命令等手段来推动。基于这项行为经济学研究，他获得了 2017 年的诺贝尔经济学奖。

📘 主要著作

🔗 相关认知偏差

《助推（终极版）》（合著）

心理账户（P102）等。

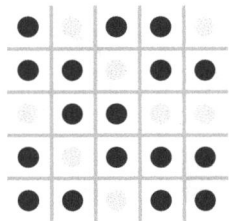

果然和我想的一样

与**真伪**

相关的偏差

"证实性偏差"使人寻找符合预期结果,"真相错觉效应"让人多听几次谎言之后就觉得其是真实的……本章主要介绍在分辨真伪时容易陷入的认知偏差陷阱。

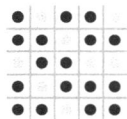

错觉相关

这二者之间真的有关系吗?

总经理,天晴了呢!

有我在的地方
从不下雨!

可我是"招雨体质"
啊……

××公司
10周年
庆典

自身行为和天气之间
没有关联,但有时会
错误地认为二者相关。

▷ 血型和性格没有关联

庆典当天，天气放晴的话，有人会宣扬"有我在的地方从不下雨"；而如果下雨的话，有人会觉得"可能因为我是'招雨体质'吧"。我们很容易凭直觉找出各种事情之间的关联，但**实际上，这些事情之间并没有关联，其关联很多时候都是人们的臆想**。像这样错误地认识两件事情之间的关联的现象被称为"错觉相关"。

例如，日本人倾向于把血型和性格联系起来，比如"那个人看性格好像是 A 型血""他是 B 型血，所以经常我行我素"等，但事实证明，血型与性格之间的所谓关联并没有科学依据。

▷ 少数派容易给人不好的印象

虽然错觉相关产生的原因各种各样，但一般来说都**与少数派留给人们不好的印象**有关。

少数派成员要比多数派成员更引人注目（比如10 个女人中混入 1 个男人）。此外，由于大部分人都遵守社会规则，引起问题的少数人就会很惹眼。而且人们总是推测，引人注目的事情会比实际更为频繁地发生。因此，即使多数派和少数派引起问题的频率没有差异，也会产生"少数派经常挑事"的错觉相关现象[1]。这种对少数派的自以为是的看法是导致歧视和错觉的原因之一。

40% 踏实。 任性。 20%

心胸开阔。 具有两面性。

30% 10%

日本人中，A 型血和 O 型血人口的占比达 70%，与之相比，AB 型血和 B 型血的人属于少数派。对于拥有这两种血型的少数派，人们很容易产生"有点古怪"等负面印象。

🔗 **相关认知偏差**

疑似相关

尽管两件事情之间并没有因果关系，但由于背后的其他因素影响，两者从统计角度看存在关联，这被称为"疑似相关"。例如，有实际统计数据显示，"冰激凌卖得好的时候，溺水事故也频频发生"。当然，实际原因并不是"吃冰激凌会遭遇水难事故"，而是在气温高的日子里冰激凌卖得很好，而这时去海水浴场的人也会很多，水难事故发生的次数也就增多了。冰激凌的销量和水难事故的次数既没有直接的因果关系，也没有间接的因果关系[2]。

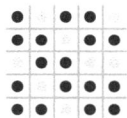

真 伪
TRUE OR FALSE

证实偏差

思考题
?

请仔细观察下面4张卡片并回答相关问题

每一张卡的正面都写着字母，背面写着数字。要想判断"正面写着大写字母的卡片背面写着奇数"的假设是否正确，至少需要翻开哪几张卡片？

▷ 只收集与假设一致的证据

上页的思考题的正确答案是"翻开 R 和 2"。但是，实验表明很多人选择的是"翻开 R 和 5"[1]。为了证明"正面写着大写字母的卡片背面写着奇数"这一假设的正确性，我们需要做的是确认不存在"正面写着大写字母，背面写着偶数"这种能够推翻假设的证据。但很多人容易陷入误区，去收集"正面写着大写字母，背面写着奇数"这种能够**肯定假设的证据**。

像这样，人们为了验证自己提出的"××是××"之类的假设是否正确的时候，倾向于优先寻找与假设一致的证据，而**不是注意收集那些与假设相反的证据**，这种倾向被称为"证实偏差"。

▷ 判断人的性格时也会出现证实偏差

证实偏差在我们与人打交道时也会出现。例如，如果从同事那里得知"某位客户善于交际"，在实际与该客户见面时，就容易先入为主，并做出符合自己假设的行为（比如等待对方主动搭话等）。

在一项实验中，实验人员为了调查初次见面的受试者是否如自己所想都是性格内向的人，在设置问题时优先选择了一些能够验证自己所想的问题（比如"什么时候会陷入自闭，不愿向外人敞开心扉？"等）让受试者作答[2]。

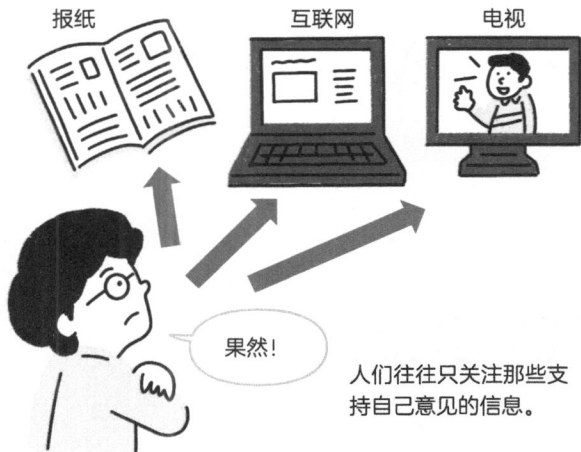

报纸　　互联网　　电视

果然！

人们往往只关注那些支持自己意见的信息。

专栏　　**认知偏差实验**

彼特·沃森的 2·4·6 任务实验

心理学家彼特·沃森（Peter Waston）开展了一项实验，给受试者看了 2、4、6 这 3 个数字，并给受试者出了一道题："这些数字是按照某种规律排列的，请找出这种规律"（正确答案是"按升序排列"）。同时，他要求受试者在卡片上写出类似的 3 组数字来验证自己所想的规律的正确性。每写完一组，他就告诉受试者这组数字是否符合规则。为了得到正确的答案，受试者们需要利用与自己猜测的规律不同的证据（例如 1、3、7）来综合验证，但是大多数受试者认为这种规律是"按每次递增 2 的升序排列"，并只会验证符合这一规律的数字序列（如 8、10、12 等），最终得到了错误答案[3]。

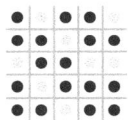

听得多了就觉得是真的

真相错觉效应

将同样的话听得多了，真的会产生"确实如此"的错觉吗？

即便是第一次听的时候有些不太相信的话，在反复听了许多次后，其在人们心中的真实感也会逐渐提升。

好像是XXX。

嗯?

什么时候会觉得某件事"是真的"

不知道你有没有这样的经历，在无法判别某句话的真伪的情况下，如果到处都在传这句话，你会逐渐觉得这句话"好像是真的"，而且这种感觉会越来越强烈。不管某条信息实际上是正确的还是错误的，**人们反复接触同一条信息的话，就会感觉那个信息是真实的**，这叫作"真相错觉效应"。

好像是XXX。

是这样啊!

为什么说"谎言被重复千遍即成真"？

在一项实验中，实验人员每隔 2 周就让受试者们听 3 次关于一般常识等的 60 条信息，在这 60 条信息中，有 20 条信息在 3 次播放过程中是重复的，剩余的 40 条信息在每次播放过程中都不一样。结果显示，不管这些信息是真是假，**比起那些只听过一次的信息，那些被反复播放的信息更能引起受试者们的认同感** [1]。

和曝光效应（P15）一样，真相错觉效应也是在反复接触同一信息的过程中，人们对该信息的处理会变得容易而产生的。

专栏　　**认知偏差实验**

相信假新闻的原因

社交网络上充斥着很多谎言、谣言、阴谋论、虚假信息等假新闻。人们听信这些假新闻也是受到真相错觉效应的影响。一项以假新闻为主题的实验表明，人们只要反复看到某条假新闻的标题，就倾向于认为该标题下的内容是真实的。即使在这个标题上加上"有虚假嫌疑"这样的警告来吸引人们的注意，也不能改变这一倾向 [2]。

第 6 章　真伪

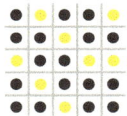
只要结论正确，就不会介意过程

信念偏差

> **思考题 ?**
> 如果两个前提都是正确的，
> 那么从逻辑上能推导出之后的结论吗？

例题1

"大富豪都是不干活的。"

"有钱人中也有能干的。"

如果上述两个前提都是成立的，从逻辑上能推导出"有些大富豪不是有钱人"这样的结论吗？

A 能

B 不能

例题2

"能够形成依赖性的商品都不便宜。"

"有些香烟很便宜。"

如果上述两个前提都是成立的，从逻辑上能推导出"有些香烟不是能够形成依赖性的商品"这样的结论吗？

A 能

B 不能

▷ 结论是否可信很重要

对于上文中的两个例题，你是如何回答的？

例题 1 和例题 2 的结构都是一样的，其正确答案是"不能"（这些结论从逻辑上并不成立）。但是，在某项实验中，实验人员给出了同样的问题，但受试者们答题的正确率却有很大不同。

当给出像例题 1"有些大富豪不是有钱人"这种"**无法令人信服的结论**"时，有 80% 左右的受试者选择了正确答案"不能"。当给出像例题 2"有些香烟不是能够形成依赖性的商品"这种"**貌似可信的结论**"时，只有 30% **左右的受试者选择了正确答案"不能"**[1]。

▷ 只凭结论做出判断是危险的

我们看到令人信服的结论时，就会高度评价得出这一结论的逻辑推理的正确性；反之，我们看到令人难以置信、无法接受的结论时，则会认为得出这一结论的逻辑推理是欠妥的：这种现象被称为"信念偏差"。

要想在工作中做出正确的判断，我们就不能只盯着结论看，而是要仔细斟酌得出结论之前的推理过程，确定这一过程也是合理的。但是，我们往往会武断地认为"**如果结论是可以接受的，那么得出结论的过程自然是正确的**"。

第 6 章

真伪

165

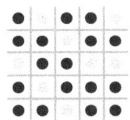

感觉占卜结果"非常准"

巴纳姆效应

思考题
?

请勾选你认为符合自身情况的选项。

全都符合!

符合还是不符合?

☐ 跟谁都能处得来

☐ 偶尔会因为过于慎重而变得小心翼翼

☐ 总体上来说能够从多个角度对某个事物进行分析

☐ 有时候会因为一时沉迷而注意不到身边其他的事物

☐ 有时会想得太多

▷ 放之四海而皆准

对于上页的思考题，你觉得选项中有几个是与自己性格相符的？其实这里的每个选项都使用了含糊的表达，无论放在谁身上都一定程度地适用。

在占卜等性格分析的场景中，如果一个人用含糊的、泛泛的、放之四海而皆准的话语来描述你的性格，你会轻易地表现出认同的倾向，**感觉这些描述"反映了自身的性格"**。在美国大获成功的马戏团老板 P.T. 巴纳姆（P.T.Barnum）在总结成功的原因时说道："我的马戏团之所以很受欢迎，是因为节目包含了每个人都喜欢的成分，每个人都能从节目中得到自己想要的。"这与上述倾向的产生原因不谋而合，因此这种倾向也被称为"巴纳姆效应"。

▷ 虽然内容相同，但分别递交的话……

在一项实验中，实验人员对一群学生进行了性格等方面的检查。一周后，学生们收到了带有自己名字的检查结果。实验人员要求学生们针对每一项性格的检查结果，用 0 ~ 5（5 为最高评价）这 6 个数字中的一个数字来评价检查结果与自己实际性格的契合度。检查结果的选项包含了"既有外向、和蔼可亲、善于社交的时候，也有内向、警戒心强、保守的时候""表面自律、自制力强，但其实内心躁动，有不安分的倾向"等。

实际上，每名学生收到的检查结果都是相同的，其内容是实验人员从占卜书上抄的。但是，大部分学生给出的评价都在 4 以上。**虽然给大家的内容是相同的，但如果分别将其递交到每个人手中的话，每个人都会觉得检查结果"体现了自己的性格"**[1]。

你虽然看起来我行我素，但实际上很在意周围的人。

还是你了解我！

一个人被别人判断性格时，会觉得"确实如此"。

专栏　　**认知偏差实验**

对自己有善意的内容更容易被接受

人们针对巴纳姆效应进行了大量研究。综合这些研究结果，我们得知，如果某项性格描述是属于自己的特定描述，或者对自己来说是有善意的，那么这项性格描述会被人们认为是正确的，也更容易被接受。另外，即使是自己不喜欢的描述，但如果是有身份地位的人给出的，人们也会轻易地接受[2]。

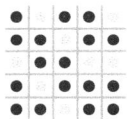

有期待就有提升

皮格马利翁效应

即使对职场人士来说，
被给予一定的关注期望也更容易出成果？！

我们会加油的！

你们团队的成员看起来
非常优秀，我很期待你
们的成绩啊！

部长

科长

领导如果相信下属，并
将这种态度以"你们能
做到""你们很有能力"
等话语实实在在地表达
出来的话，那么这种期
望最终会变成现实。

霍桑效应

为了研究什么要素可以用于提高生产率，人们在美国的霍桑工厂进行了一项实验，发现不管是改变报酬还是更换照明设备，工厂的生产率都提升了。实验人员在仔细调研后发现，原来工厂的员工们知道自己所在的工厂被选为实验对象，并因为这种"受到关注"的行为而做出改变，其工作积极性大幅提高了。霍桑效应指的就是人们意识到自身"被关注"从而导致行为上的改变[3]。

XX科项目获得圆满成功!

▷ 老师的期望影响学生的成绩

心理学家罗伯特·罗森塔尔（Robert Rosenthal）在 20 世纪 60 年代的一项调查研究中发现，老师的期待等意识变化能够影响学生的成绩。在实验中，罗森塔尔告诉老师，他的某项测试结果预计，班里的某些学生在学习成绩方面会取得极大的进步。其实这些学生只是被随机挑选出来的，所谓的测试结果也是假的，但这部分学生的成绩最后确确实实地提高了[1]。人们认为，**之所以出现这种情况，是因为老师对这些学生的成绩的期待值发生了变化，这改变了学生学习的态度和行为，他们最终取得了期待中的成绩。**

这种现象最早来源于希腊神话中的皮格马利翁（Pygmalion）。在神话中，皮格马利翁爱上了自己雕刻的女神，并一直希望自己所雕刻的女神能够活过来，最终期望变成了现实，雕刻的女神变成了真实的人。因此上述现象也被称为"皮格马利翁效应"。

▷ 无论给出的期望是好还是坏，都会达成预期的结果

针对上文提到的罗森塔尔的实验，人们对其验证方法等提出了各种各样的批评。但是考虑到期待所带来的行为变化确实能够带来积极的效果，人们在教育和商务场合也在努力适应这一效应，并经常性地提起这一话题。

皮格马利翁效应有时也会体现在消极方面。有报告显示，**如果有人认为某个人"肯定会失败"，那么此人真的会出现成绩下降或失败的情况**[2]。

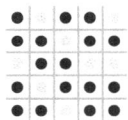

真 伪
TRUE OR FALSE

解释因前后信息而改变

上下文效应

思考题
?

中间的内容怎么读?

例题1

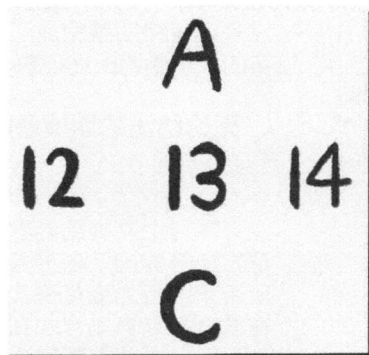

例题2

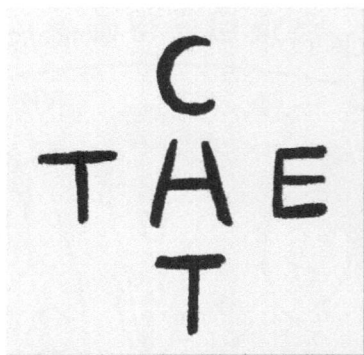

竖着读时和横着读时,其看起来是不同的内容。

▷ 上下文不同，看法也不同

在上页的例题 1 中，如果竖着读的话，人们会看到 "A、B、C"；横着读的话，人们看到的就会是 "12、13、14"。也就是说，中间的内容看起来既像 "B"，又像 "13"，根据前后文的不同，人们会给出不同的解读。例题 2 也是这样，竖着读的话是 "CAT"，横着读的话是 "THE"，中间的内容根据周围信息的不同既可以被解读为 "A"，也可以被解读为 "H"。

人们的认识和认知，会因受先前信息和后续信息的关联性影响而发生变化，这种现象叫作 "上下文效应"。根据所处理信息的场景不同，对话、风景、人物、物品、声音等各种各样的元素都可以成为该效应中的上下文。例如，在与别人对话时，如果不清楚对方讲的 "キ カイ（kikai）" 是 "机会" 还是 "机遇"[1]，我们就需要根据对方的上下文（或脑补的情境等）来理解。

▷ 上下文效应也会影响决策

上下文效应也会影响消费者的选择，其中一种情况是 "魅力效应"（P92 所讲的 "诱导效应" 的一种）。与只有品质、价格都高的 A 产品及品质、价格都相对较低的 B 产品两种产品可选的时候相比，加入与 A 产品价格相同但品质稍低的 C 产品作为选项，A 产品的吸引力就变大了，其也就更容易被人们选择[2]。

上下文效应是与收益相关的因素之一，在研究销售策略时，人们也会经常讨论在什么场景中利用这一效应。

即使说出同样日语发音的话，但如果彼此的语境不同，也是鸡同鸭讲。

🔗 **相关认知偏差**

启动效应

与上下文效应概念相近的是 "启动效应"。例如，被要求在 "b □□ s" 的 "□" 中加入字母以补全这个单词时，如果你此前听说过或看到过 "bias"（偏见），就会比没有了解过该单词的人更快、更轻松地给出正确答案。先前处理信息的经验会对后续的信息处理产生影响，这就是 "启动效应"。

参考文献和注解

◆第1章　与记忆相关的偏差

虚假记忆（P2-3）

1 宮地 弥生・山 祐嗣（2002）. 高い確率で虚記憶を生成するDRMパラダイムのための日本語リストの作成 基礎心理学研究, 21, 21-26.
2 Loftus, E.(1997). Creating false memories. Scientific American, 277, 70 - 75.
3 越智 啓太(2014). つくられる偽りの記憶:あなたの思い出 は本物か?　DOJIN選書

情绪一致效应（P4-5）

1 Snyder, M., & White, P.(1982). Moods and memories: Elation, depression, and the remembering of the events of one's life. Journal of Personality, 50, 149 - 167.
2 Eich, J. E.(1980). The cue-dependent nature of state-dependent retrieval. Memory & Cognition, 8, 157 - 173.

事后信息效应（P6-7）

1 Loftus, E. F., & Palmer, J. C(. 1974). Reconstruction of automobile destruction: An example of the interaction between language and memory. Journal of Verbal Learning and Verbal Behavior, 13, 585 - 589.

玫瑰色的回忆（P8-9）

1 Mitchell, T. R., Thompson, L., Peterson, E., & Cronk, R.(1997). Temporal adjustments in the evaluation of events: The "Rosy View" . Journal of Experimental Social Psychology, 33, 421 - 448.
2 Walker, W. R., Vogl, R. J., & Thompson, C. P. (1997). Autobiographical memory: Unpleasantness fades faster than pleasantness over time. Applied Cognitive Psychology, 11, 399 - 413.

蔡加尼克效应（P10-11）

1 Zeigarnik, B.(1938). On finished and unfinished tasks. In W. D. Ellis(Ed.), A source book of Gestalt psychology(pp. 300 - 314). Kegan Paul, Trench, Trubner & Company.
2 Gilovich, T., & Medvec, V. H.(1994). The temporal pattern to the experience of regret. Journal of Personality and Social Psychology, 67, 357 - 365.

事后聪明偏差（P12-13）

1 Fischhoff, B., & Beyth, R.(1975). I knew it would happen. Organizational Behavior and Human Performance, 13, 1 - 16.
2 Yama, H., Akita, M., & Kawasaki, T.(2021). Hindsight bias in judgments of the predictability of flash floods: An experimental study for testimony at a court trial and legal decision making. Applied Cognitive Psychology, 35, 711 - 719.

有名效应（P14-15）

1 原书中使用的是日本姓名案例，本书在此处替换成方便中国读者理解的案例。——编者注
2 Jacoby, L. L., Kelley, C., Brown, J., & Jasechko, J. (1989). Becoming famous overnight: Limits on the ability to avoid unconscious influences of the past. Journal of Personality and Social Psychology, 56, 326 - 338.
3 Zajonc, R. B.(1968). Attitudinal effects of mere exposure. Journal of Personality and Social Psychology, 9(2, Pt.2), 1 - 27.

怀旧性记忆上涨（P16-17）

1 Janssen, S., Chessa, A., & Murre, J.(2005). The reminiscence bump in autobiographical memory: Effects of age, gender, education, and culture. Memory, 13, 658 - 668.

标签效应（P18-19）

1 Carmichael, L., Hogan, H. P., & Walter, A. A(. 1932). An experimental study of the effect of language on the reproduction of visually perceived form. Journal of Experimental Psychology, 15, 73 - 86.

自我关联效应（P20-21）

1 Craik, F. I. M., & Tulving, E.(1975). Depth of processing and the retention of words in episodic memory. Journal of Experimental Psychology: General, 104, 268 - 294.
2 Rogers, T. B., Kuiper, N. A., & Kirker, W. S.(1977). Self-reference and the encoding of personal information. Journal of Personality and Social Psychology, 35, 677 - 688.

讽刺性反弹效应（P22-23）

1 Wegner, D. M., Schneider, D. J., Carter, S. R., & White, T. L.(1987). Paradoxical effects of thought suppression. Journal of Personality and Social Psychology, 53, 5 - 13.
2 Wegner, D. M.(2011). Setting free the bears: Escape from thought suppression. American Psychologist, 66, 671 - 680.

压缩效应（P24-25）

1 Janssen, S. M. J., Chessa, A. G., & Murre, J. M. J. (2006). Memory for time: How people date events. Memory & Cognition, 34, 138 - 147.

数字失忆症（P26-27）

1 Sparrow, B., Liu, J., & Wegner, D. M(. 2011). Google effects on memory: Cognitive consequences of having information at our fingertips. Science, 333, 776 - 778.
2 Johnson, M. K., Hashtroudi, S., & Lindsay, D. S. (1993). Source monitoring. Psychological Bulletin, 114, 3 - 28.

首因效应（P28-29）

1 Glanzer, M., & Cunitz, A. R.(1966). Two storage mechanisms in free recall. Journal of Verbal Learning & Verbal Behavior, 5, 351 - 360.

峰终定律（P30-31）

1 Redelmeier, D. A., & Kahneman, D(. 1996). Patients' memories of painful medical treatments: Real-time and retrospective evaluations of two minimally invasive procedures. Pain, 66, 3 - 8.
2 Kahneman, D., Fredrickson, B. L., Schreiber, C. A., & Redelmeier, D. A.(1993). When more pain is preferred to less: Adding a better end. Psychological Science, 4, 401 - 405.

连贯性偏差（P32-33）

1 Allgeier, A. R., Byrne, D., Brooks, B., & Revnes, D.(1979). The waffle phenomenon: Negative evaluations of those who shift attitudinally. Journal of Applied Social Psychology, 9, 170‐182.

2 Ross, M.(1989). Relation of implicit theories to the construction of personal histories. Psychological Review, 96, 341‐357.

3 チャルディーニ, R. B. 社会行動研究会(訳) (2014). 影響力の武器 ―なぜ、人は動かされるのか―(第三版) 誠信書房

◆第2章　与推定相关的偏差

代表性启发式偏差（P36-37）

1 Tversky, A., & Kahneman, D.(1983). Extensional versus intuitive reasoning: The conjunction fallacy in probability judgment. Psychological Review, 90, 293‐315.

2 即阿基米德发现浮力原理的故事。——译者注

可得性启发（P38-39）

1 Tversky, A., & Kahneman, D.(1973). Availability: A heuristic for judging frequency and probability. Cognitive Psychology, 5, 207‐232.

2 Schwarz, N., Bless, H., Strack, F., Klumpp, G., Rittenauer-Schatka, H., & Simons, A.(1991). Ease of retrieval as information: Another look at the availability heuristic. Journal of Personality and Social Psychology, 61, 195‐202.

锚定效应（P40-41）

1 1000日元≈47.7元人民币

2 Tversky, A., & Kahneman, D.(1974). Judgment under uncertainty: Heuristics and biases. Science, 185, 1124‐1131.

规划谬误（P42-43）

1 Buehler, R., Griffin, D., & Ross, M.(1994). Exploring the "planning fallacy"：Why people underestimate their task completion times. Journal of Personality and Social Psychology, 67, 366‐381.

2 村田 光二・高木 彩・高田 雅美・藤島 喜嗣(2007). 計

画錯誤の現場研究: 活動の過大視、障害想像の効果、時間厳守性との関係 一橋社会科学, 2, 191‐214.

赌徒谬误（P44-45）

1 Tversky, A., & Kahneman, D.(1971). Belief in the law of small numbers. Psychological Bulletin, 76, 105‐110.

2 Tversky, A., & Kahneman, D.(1982). Evidential impact of base rates. In D. Kahneman, P. Slovic, & A. Tversky(Eds.), Judgment under Uncertainty: Heuristics and Biases(pp. 153‐160). Cambridge University Press.

影响偏差（P46-47）

1 Brickman,P.,Coates,D.,&Janoff-Bulman,R(.1978). Lottery winners and accident victims: Is happiness relative? Journal of Personality and Social Psychology, 36, 917‐927.

2 Gilbert, D. T., Pinel, E. C., Wilson, T. D., Blumberg, S. J., & Wheatley, T. P.(1998). Immune neglect: A source of durability bias in affective forecasting. Journal of Personality and Social Psychology, 75, 617‐638.

控制错觉（P48-49）

1 在日本指挂在房檐下用于祈求晴天的纸偶人。——译者注

2 Skinner, B. F.(1948). "Superstition" in the pigeon. Journal of Experimental Psychology, 38, 168‐172.

有效性错觉（P50-51）

1 Kahneman, D., & Tversky, A.(1973). On the psychology of prediction. Psychological Review, 80, 237‐251.

透明度错觉（P52-53）

1 Gilovich, T., Savitsky, K., & Medvec, V. H.(1998). The illusion of transparency: Biased assessments of others' ability to read one's emotional states. Journal of Personality and Social Psychology, 75, 332‐346.

2 Pronin,E.,Kruger,J.,Savtsiky,K.,&Ross,L(.2001). You don't know me, but I know you: The illusion

of asymmetric insight. Journal of Personality and Social Psychology, 81, 639‐656.

外群体同质性效应（P54-55）

1 Quattrone, G. A., & Jones, E. E.(1980). The perception of variability within in-groups and out-groups: Implications for the law of small numbers. Journal of Personality and Social Psychology, 38, 141‐152.

2 Tajfel, H., & Wilkes, A. L.(1963). Classification and quantitative judgement. British Journal of Psychology, 54, 101‐114.

乐观偏差（P56-57）

1 日本于1954年普及短期住院体检，旨在早期发现与预防疾病。——译者注

2 Sharot, T.(2011). The optimism bias. Current Biology, 21, R941‐R945.

3 テイラー, S. E. 宮崎 茂子(訳) (1998). それでも人は、楽天的な方がいい ―ポジティブ・マインドと自己説得の心理―日本教文社

知识的束缚（P58-59）

1 Newton, E.L.(1990). The rocky road from actions to intentions. [Doctoral dissertation, Stanford University]

2 Adamson, R. E.(1952). Functional fixedness as related to problem solving: A repetition of three experiments. Journal of Experimental Psychology, 44, 288‐291.

邓宁-克鲁格效应（P60-61）

1 Kruger, J., & Dunning, D.(1999). Unskilled and unaware of it: How difficulties in recognizing one's own incompetence lead to inflated self-assessments. Journal of Personality and Social Psychology, 77, 1121‐1134.

高估贡献程度（P62-63）

1 Thompson, S. C., & Kelley, H. H(. 1981). Judgments of responsibility for activities in close relationships. Journal of Personality and Social Psychology, 41, 469‐477.

2 エプリー，N. 波多野 理彩子(訳)（2017). 人の心は読めるか？ ―本音と誤解の心理学―早川書房

天真的犬儒主义（P64–65）

1 Kruger, J., & Gilovich, T(. 1999). "Naive cynicism" in everyday theories of responsibility assessment: On biased assumptions of bias. Journal of Personality and Social Psychology, 76, 743 - 753.

聚光灯效应（P66–67）

1 Gilovich, T., Medvec, V. H., & Savitsky, K.(2000). The spotlight effect in social judgment: An egocentric bias in estimates of the salience of one's own actions and appearance. Journal of Personality and Social Psychology, 78, 211 - 222.
2 Gilovich, T., & Medvec, V. H.(1994). The temporal pattern to the experience of regret. Journal of Personality and Social Psychology, 67, 357 - 365.

虚假同感偏差（P68–69）

1 Ross, L., Greene, D., & House, P(. 1977). The "false consensus effect": An egocentric bias in social perception and attribution processes. Journal of Experimental Social Psychology, 13, 279 - 301.
2 Koudenburg, N., Postmes, T., & Gordijn, E. H. (2011). If they were to vote, they would vote for us. Psychological Science, 22, 1506 - 1510.

回归谬误（P70–71）

1 ゼックミスタ，E. B., & ジョンソン，J. E. 宮元 博章・他(訳) (1996). クリティカルシンキング入門篇 北大路書房
2 カーネマン，D. 村井 章子(訳)(2014). ファスト＆スロー (上) 早川書房

效用层叠（P72–73）

1 Kuran, T., & Sunstein, C. R.(1999). Availability cascades and risk regulation. Stanford Law Review, 51, 683–768.

偏差正常化（P74–75）

1 矢守 克也(2009). 再論 - 正常化の偏見 実験社会心理学研究, 48, 137 - 149.

2 タレブN.N. 望月衛(訳()2009).ブラック・スワン―不確 実性とリスクの本質― ダイヤモンド社

风险补偿（P76–77）

1 ワイルド，G. J. S. 芳賀 繁(訳)（2007). 交通事故はなぜ なくならないか ―リスク行動の心理学―新曜社

◆**第3章 与选择相关的偏差**

维持现状偏差（P80–81）

1 Tversky, A., & Kahneman, D.(1991). Loss aversion in riskless choice: A reference-dependent model. The Quarterly Journal of Economics, 106, 1039 - 1061.

框架效应（P82–83）

1 McNeil, B. J., Pauker, S. G., Sox, H. C., & Tversky, A.(1982). On the elicitation of preferences for alternative therapies. New England Journal of Medicine, 306, 1259 - 1262.
2 Schwarz, N., Groves, R. M., & Schuman, H.(1998). Survey methods. In D. T. Gilbert, S. T. Fiske, & G. Lindzey(Eds.), The handbook of social psychology (4th ed., pp. 143 - 179). McGraw-Hill.

拥有效应（P84–85）

1 Kahneman,D.,Knetsch,J.L.,&Thaler,R.H.(1990). Experimental tests of the endowment effect and the coase theorem. Journal of Political Economy, 98, 1325 - 1348.
2 Thaler, R. H. (1980). Toward a positive theory of consumer choice. Journal of Economic Behavior & Organization, 1, 39–60.
3 Knetsch, J. L.(2000). The endowment effect and evidence of nonreversible indifference curves. In D. Kahneman & A. Tversky(Eds.), Choices, Values, and Frames(1st ed., pp. 171 - 179). Cambridge University Press.

模糊规避（P86–87）

1 Ellsberg, D(. 1961). Risk, ambiguity, and the savage axioms. The Quarterly Journal of Economics, 75,643 - 669.
2 Epstein, L. G.(1999). A definition of uncertainty

aversion. The Review of Economic Studies, 66, 579 - 608.

沉没成本效应（P88–89）

1 Arkes, H. R., & Blumer, C.(1985). The psychology of sunk cost. Organizational Behavior and Human Decision Processes, 35, 124 - 140.
2 Arkes, H. R., & Ayton, P.(1999). The sunk cost and Concorde effects: Are humans less rational than lower animals? Psychological Bulletin, 125, 591 - 600.

现时偏差（P90–91）

1 O'Donoghue, T., & Rabin, M.(2015). Present bias: Lessons learned and to be learned. American Economic Review, 105, 273 - 279.
2 在一个炎热的夏日，勤劳的蚂蚁不知疲倦地搬运粮食，以使冬天能有足够的食物。懒惰的蝈蝈却悠闲自得地坐在树荫下乘凉、唱歌，还嘲笑蚂蚁夏天就准备冬天的食物。然而，当寒冷的冬天来临，蚂蚁在温暖的洞穴里过着丰衣足食的生活，饥寒交迫的蝈蝈却随时面临着死神的威胁。——译者注
3 Bickel, W. K., Odum, A. L., & Madden, G. J. (1999). Impulsivity and cigarette smoking: Delay discounting in current, never, and ex-smokers. Psychopharmacology, 146, 447 - 454.

诱导效应（P92–93）

1 Huber, J., Payne, J. W., & Puto, C.(1982). Adding asymmetrically dominated alternatives: Violations of regularity and the similarity hypothesis. Journal of Consumer Research, 9, 90 - 98.

默认效应（P94–95）

1 Johnson, E. J., & Goldstein, D.(2003). do defaults save lives? Science, 302, 1338 - 1339.
2 セイラー，R. H., &サンスティーン，C. R. 遠藤 真美 (訳) (2009). 実践行動経済学 ―健康、富、幸福への聡明な選択―日経BP社

可辨识受害者效应（P96–97）

1 Small, D. A., Loewenstein, G., & Slovic, P. (2007). Sympathy and callousness: The impact of deliberative thought on donations to identifiable

and statistical victims. Organizational Behavior and Human Decision Processes, 102, 143‐153.

2 Kogut, T., & Ritov, I.(2005). The "identified victim" effect: An identified group, or just a single individual? Journal of Behavioral Decision Making, 18, 157‐167.

确定性效应（P98-99）

1 Tversky, A., & Kahneman, D.(1986). Rational choice and the framing of decisions. The Journal of Business, 59, S251‐S278.

2 カーネマン, D. 村井 章子(訳)（2014）. ファスト&スロー（下）早川書房

宜家效应（P100-101）

1 Norton, M. I., Mochon, D., & Ariely, D.(2012). The IKEA effect: When labor leads to love. Journal of Consumer Psychology, 22, 453‐460.

2 アリエリー, D. 櫻井 祐子(訳)（2014）.不合理だからうまくいく―行動経済学で「人を動かす」― 早川書房

心理账户（P102-103）

1 Kahneman, D., & Tversky, A.(1984). Choices, values, and frames. American Psychologist, 39, 341‐350.

2 小嶋 外弘・赤松 潤・濱 保久(1983). 消費者心理の探求:心理的財布、その理論と実証 ―消費者行動解明のための新しいカギ― Diamondハーバード・ビジネス, 8, 19‐28.

权威效应（P104-105）

1 Bickman, L.(1974). The social power of a uniform. Journal of Applied Social Psychology, 4, 47‐61.

2 Lefkowitz, M., Blake, R. R., & Mouton, J. S.(1955). Status factors in pedestrian violation of traffic signals. The Journal of Abnormal and Social Psychology, 51, 704‐706.

3 ミルグラム, S. 山形 浩生(訳)(2012). 服従の心理 河出書房新社

过多选择效应（P106-107）

1 Iyengar, S. S., & Lepper, M. R.(2000). When choice is demotivating: Can one desire too much

of a good thing? Journal of Personality and Social Psychology, 79, 995‐1006.

2 Chernev, A., Boöckenholt, U., & Goodman, J.(2015). Choice overload: A conceptual review and meta-analysis. Journal of Consumer Psychology, 25, 333‐358.

3 Polman, E.(2012). Effects of self-other decision making on regulatory focus and choice overload. Journal of Personality and Social Psychology, 102, 980‐993.

稀缺性偏差（P108-109）

1 Driscoll, R., Davis, K. E., & Lipetz, M. E.(1972). Parental interference and romantic love: The Romeo and Juliet effect. Journal of Personality and Social Psychology, 24, 1‐10.

2 チャルディーニ, R. B. 社会行動研究会(訳) (2014). 影響力の武器 ―なぜ、人は動かされるのか―(第三版) 誠信書房

3 Rosenberg, B. D., & Siegel, J. T.(2018). A 50-year review of psychological reactance theory: Do not read this article. Motivation Science, 4, 281‐300.

单位偏差（P110-111）

1 Geier, A. B., Rozin, P., & Doros, G.(2006). Unit bias: A new heuristic that helps explain the effect of portion size on food intake. Psychological Science, 17, 521‐525.

2 Marchiori, D., Waroquier, L., & Klein, O.(2011). Smaller food item sizes of snack foods influence reduced portions and caloric intake in young adults. Journal of the American Dietetic Association, 111, 727‐731.

◆第4章　与信念相关的偏差

负面偏差（P114-115）

1 Rozin, P., & Royzman, E. B(. 2001). Negativity bias, negativity dominance, and contagion. Personality and Social Psychology Review, 5, 296‐320.

2 Pierce, B. H., & Kensinger, E. A.(2011). Effects of emotion on associative recognition: Valence and

retention interval matter. Emotion, 11, 139‐144.

3 Mather, M., & Carstensen, L. L.(2005). Aging and motivated cognition: The positivity effect in attention and memory. Trends in Cognitive Sciences, 9, 496‐502.

不作为偏差（P116-117）

1 Spranca, M., Minsk, E., & Baron, J (.1991). Omission and commission in judgment and choice. Journal of Experimental Social Psychology, 27, 76‐105.

2 Hayashi, H., & Mizuta, N.(2022). Omission bias in children's and adults' moral judgments of lies. Journal of experimental child psychology, 215, 105320.

3 Ritov, I., & Baron, J.(1990). Reluctance to vaccinate: Omission bias and ambiguity. Journal of Behavioral Decision Making, 3, 263‐277.

4 在棒球比赛中，如果击球手累计3个好球将被淘汰出局，也就是"三振出局"；而击球手累计4个坏球时，则被赋予"四坏保送"权利，也就是可以向一垒前进。裁判会根据棒球规则和投球的准确性来判定好球和坏球。裁判的判定可能会因不同的比赛规则、联盟标准或自身的判断而有所差异。在击球手面临可能引发被三振出局的关键一投时，裁判往往在判罚时相对保守。但如果出现2个好球、3个坏球的局面时，裁判对下一投做出好球判罚则有利于投球方，导致击球手出局；做出坏球判罚则有利于击球方，导致击球手获得四坏保送权利，此时裁判往往不会受不作为偏差的影响，判罚会相对公正。——译者注

5 モスコウィッツ, T. J., & ワーサイム, L. J. 望月 衛(訳) (2012). オタクの行動経済学者、スポーツの裏側を読み解く ダイヤモンド社

逆火效应（P118-119）

1 Nyhan,B.,&Reifler,J(.2010).Whencorrectionsfail: The persistence of political misperceptions. Political Behavior, 32, 303‐330.

2 Wood, T., & Porter, E.(2019). The elusive backfire effect: Mass attitudes' steadfast factual adherence. Political Behavior, 41, 135‐163.

3 Allen, M.(1991). Meta-analysis comparing the persuasiveness of one-sided and two-sided messages. Western Journal of Speech

Communication, 55, 390 - 404.

乐队花车效应（P120-121）

1 Marsh, C.(1985). Back on the bandwagon: The effect of opinion polls on public opinion. British Journal of Political Science, 15, 51-74.

2 Leibenstein, H.(1950). Bandwagon, snob, and veblen effects in the theory of consumers' demand. The Quarterly Journal of Economics, 64, 183 - 207.

零和效应（P122-123）

1 Meegan, D.(2010). Zero-sum bias: Perceived competition despite unlimited resources. Frontiers in Psychology, 1, Article 191.

2 Esses, V. M., Dovidio, J. F., Jackson, L. M., & Armstrong, T. L.(2001). The Immigration dilemma: The role of perceived group competition, ethnic prejudice, and national identity. Journal of Social Issues, 57, 389 - 412.

第三者效应（P124-125）

1 Davison, W. P.(1983). The third-person effect in communication. Public Opinion Quarterly, 47, 1 - 15.

2 Sun, Y., Pan, Z., & Shen, L.(2008). Understanding the third-person perception: Evidence from a meta- analysis. Journal of Communication, 58, 280 - 300.

天真现实主义（P126-127）

1 Ross, L., & Ward, A.(1996). Naive realism in everyday life: Implications for social conflict and misunderstanding. In E. S. Reed, E. Turiel, & T. Brown(Eds.),Valuesandknowledge(pp.103 - 135). Lawrence Erlbaum Associates.

2 Hastorf, A. H., & Cantril, H.(1954). They saw a game: A Case study. The Journal of Abnormal and Social Psychology, 49, 129 - 134.

敌对媒体效应（P128-129）

1 Hansen,G.J.,&Kim,H(.2011).Isthemediabiased against me? A meta-analysis of the hostile media effect research. Communication Research

Reports, 28, 169 - 179.

2 Cappella, J. N., & Jamieson, K. H.(1996). News frames, political cynicism, and media cynicism. The Annals of the American Academy of Political and Social Science, 546, 71 - 84.

3 李光鎬(2019). 敵意的メディア認知とメディアシニシズム —韓国社会におけるその実態の把握— メディア・コミュニ ケーション:慶応義塾大学メディア・コミュニケーション研究所紀要, 69, 85-95.

刻板印象（P130-131）

1 ゼックミスタ, E. B., & ジョンソン, J. E. 宮元 博章・他(訳) (1996). クリティカルシンキング入門篇 北大路書房

2 Fiske, S. T., Cuddy, A. J. C., Glick, P., & Xu, J. (2002). A model of(often mixed)stereotype content: Competence and warmth respectively follow from perceived status and competition. Journal of Personality and Social Psychology, 82, 878 - 902.

3 Cuddy, A. J. C., Fiske, S. T., Kwan, V. S. Y., et al. (2009). Stereotype content model across cultures: Towards universal similarities and some differences.
British Journal of Social Psychology, 48, 1 - 33.

道德许可效应（P132-133）

1 Jordan, J., Mullen, E., & Murnighan, J. K.(2011). Striving for the moral self: The effects of recalling past moral actions on future moral behavior. Personality and Social Psychology Bulletin, 37, 701 - 713.

2 Khan, U., & Dhar, R.(2006). Licensing effect in consumer choice. Journal of Marketing Research, 43, 259 - 266.

光环效应（P134-135）

1 Thorndike, E. L.(1920). A constant error in psychological ratings. Journal of Applied Psychology, 4, 25 - 29.

2 Sigall, H., & Ostrove, N.(1975). Beautiful but dangerous: Effects of offender attractiveness and nature of the crime on juridic judgment. Journal of Personality and Social Psychology, 31, 410 - 414.

优于常人效应（P136-137）

1 Myers, D. G.(2010). Social psychology(10th ed.). McGraw-Hill.

2 Chambers, J. R., & Windschitl, P. D.(2004). Biases in social comparative judgments: The role of nonmotivated factors in above-average and comparative-optimism effects. Psychological Bulletin, 130, 813 - 838.

3 Kruger, J.(1999). Lake Wobegon be gone! The "below-average effect" and the egocentric nature of comparative ability judgments. Journal of Personality and Social Psychology, 77, 221 - 232.

无意义公式效应（P138-139）

1 Eriksson, K.(2012). The nonsense math effect. Judgment and Decision Making, 7, 746 - 749.

◆**第5章　与因果相关的偏差**

归因错误（P142-143）

1 Dutton, D. G., & Aron, A. P(. 1974). Some evidence for heightened sexual attraction under conditions of high anxiety. Journal of Personality and Social Psychology, 30, 510 - 517.

2 Meston,C.M.,&Frohlich,P.F(.2003).Loveatfirst fright: Partner salience moderates roller-coaster-induced excitation transfer. Archives of Sexual Behavior, 32, 537 - 544.

伪药效应（P144-145）

1 Yetman, H. E., Cox, N., Adler, S. R., Hall, K. T., & Stone, V. E.(2021). What do placebo and nocebo effects have to do with health equity? The hidden toll of nocebo effects on racial and ethnic minority patients in clinical care. Frontiers in Psychology, 12, Article 788230.

2 Colloca, L., & Barsky, A. J.(2020). Placebo and nocebo effects. New England Journal of Medicine, 382, 554 - 561.

自利偏差（P146-147）

1 Miller, D. T., & Ross, M.(1975). Self-serving biases in the attribution of causality: Fact or fiction? Psychological Bulletin, 82, 213 - 225.

2 Bradley, G. W.(1978). Self-serving biases in the attribution process: A reexamination of the fact or fiction question. Journal of Personality and Social Psychology, 36, 56 - 71.

3 Markus, H. R., & Kitayama, S.(1991). Culture and the self: Implications for cognition, emotion, and motivation. Psychological Review, 98, 224‑253.

行为者-观察者偏差（P148-149）

1 Jones, E. E., & Nisbett, R. E.(1987). The actor and the observer: Divergent perceptions of the causes of behavior. Attribution: Perceiving the causes of behavior(pp. 79 - 94). Lawrence Erlbaum Associates.

2 Regan, D. T., & Totten, J.(1975). Empathy and attribution: Turning observers into actors. Journal of Personality and Social Psychology, 32, 850‑856.

群体内偏见（P150-151）

1 Tajfel, H., Billig, M. G., Bundy, R. P., & Flament, C. (1971). Social categorization and intergroup behaviour. European Journal of Social Psychology, 1, 149 - 178.

2 Marques, J. M., Yzerbyt, V. Y., & Leyens, J.-P. (1988). The "Black Sheep Effect": Extremity of judgments towards ingroup members as a function of group identification. European Journal of Social Psychology, 18, 1 - 16.

指责受害人（P152-153）

1 Lerner, M. J., & Simmons, C. H.(1966). Observer's reaction to the "innocent victim": Compassion or rejection? Journal of Personality and Social Psychology, 4, 203 - 210.

基本归因错误（P154-155）

1 Ross, L.D., Amabile, T.M., & Steinmetz, J.L (.1977). Social roles, social control, and biases in social-perception processes. Journal of Personality and Social Psychology, 35, 485 - 494.

2 Morris, M. W., & Peng, K(. 1994). Culture and cause: American and Chinese attributions for social and physical events. Journal of Personality and Social Psychology, 67, 949 - 971.

◆第6章　与真假相关的偏差

错觉相关（P158-159）

1 Hamilton, D. L., & Sherman, S. J.(1989). Illusory correlations: Implications for stereotype theory and research. In D. Bar-Tal, C. F. Graumann, A. W. Kruglanski, & W. Stroebe(Eds.), Stereotyping and prejudice: Changing conceptions(pp. 59 - 82). Springer.

2 高橋 将宜(2022). 統計的因果推論の理論と実装―潜在的結果変数と欠測データ― 共立出版

证实偏差（P160-161）

1 Johnson-Laird, P. N., & Wason, P. C.(1970). A theoretical analysis of insight into a reasoning task. Cognitive Psychology, 1, 134 - 148.

2 Snyder, M., & Swann, W. B.(1978). Hypothesis-testing processes in social interaction. Journal of Personality and Social Psychology, 36, 1202 - 1212.

3 Wason, P. C.(1960). On the failure to eliminate hypotheses in a conceptual task. Quarterly Journal of Experimental Psychology, 12, 129 - 140.

真相错觉效应（P162-163）

1 Hasher, L., Goldstein, D., & Toppino, T.(1977). Frequency and the conference of referential validity. Journal of Verbal Learning and Verbal Behavior, 16, 107 - 112.

2 Pennycook ,G.,Cannon,T.D.,&Rand,D.G(.2018). Prior exposure increases perceived accuracy of fake news. Journal of Experimental Psychology: General, 147, 1865 - 1880.

信念偏差（P164-165）

1 Morley, N. J., Evans, J. S. B. T., & Handley, S. J. (2004). Belief bias and figural bias in syllogistic reasoning. The Quarterly journal of experimental psychology A, Human experimental psychology, 57, 666 - 692.

巴纳姆效应（P166-167）

1 Forer, B. R.(1949). The fallacy of personal validation: A classroom demonstration of gullibility. The Journal of Abnormal and Social Psychology, 44, 118 - 123.

2 Dickson, D. H., & Kelly, I. W.(1985). The 'Barnum effect' in personality assessment: A review of the literature. Psychological Reports, 57, 367 - 382.

皮格马利翁效应（P168-169）

1 Rosenthal, R., & Jacobson, L.(1968). Pygmalion in the classroom. The Urban Review, 3, 16 - 20.

2 Babad, E. Y., Inbar, J., & Rosenthal, R.(1982). Pygmalion, Galatea, and the Golem: Investigations of biased and unbiased teachers. Journal of Educational Psychology, 74, 459 - 474.

3 McCarney, R., Warner, J., Iliffe, S., van Haselen, R., Griffin, M., & Fisher, P.(2007). The Hawthorne Effect: A randomised, controlled trial. BMC Medical Research Methodology, 7, 30.

上下文效应（P170-171）

1 日语中两者发音相同。——译者注

2 Rooderkerk, R. P., Van Heerde, H. J., & Bijmolt, T. H. A.(2011). Incorporating context effects into a choice model. Journal of Marketing Research, 48, 767 - 780.